科 学 年 少

培养少年学科兴趣

宇宙哪来的

Hacia las estrellas

[西]亚历克斯·里维罗 著
Álex Riveiro

朱婕 译

CSK 湖南科学技术出版社 · 长沙

推荐序

北京师范大学副教授　余恒

　　很多人在学生时期会因为喜欢某位老师而爱屋及乌地喜欢上一门课，进而发现自己在某个学科上的天赋，就算后来没有从事相关专业，也会因为对相关学科的自信，与之结下不解之缘。当然，我们不能等到心仪的老师出现后再开始相关的学习，即使是最优秀的老师也无法满足所有学生的期望。大多数时候，我们需要自己去发现学习的乐趣。

　　那些看起来令人生畏的公式和术语其实也都来自于日常生活，最初的目标不过是为了解决一些实际的问题，后来才逐渐发展为强大的工具。比如，圆周率可以帮助我们计算圆的面积和周长，而微积分则可以处理更为复杂的曲线的面积。再如，用橡皮筋做弹弓可以把小石子弹射到很远的地方，如果用星球的引力做弹弓，甚至可以让巨大的飞船轻松地飞出太阳系。那些看起来高深的知识其实可以和我们的生活息息相关，也可以很有趣。

　　"科学年少"丛书就是希望能以一种有趣的方式来

激发你学习知识的兴趣，这些知识并不难学，只要目标有足够的吸引力，你总能找到办法去克服种种困难，就好像喜欢游戏的孩子总会想尽办法破解手机或者电脑密码。不过，学习知识的过程并不总是快乐的，不像玩游戏那样能获得快速及时的反馈。学习本身就像耕种一样，只有长期的付出才能获得回报。你会遇到困难障碍，感受到沮丧挫败，甚至开始怀疑自己，但只要你鼓起勇气，凝聚心神，耐心分析所有的条件和线索，答案终将显现，你会恍然大悟，原来结果是如此清晰自然。正是这个过程让你成长、自信，并获得改变世界的力量。所以，我们要有坚定的信念，就像相信种子会发芽，树木会结果一样，相信知识会让我们拥有更自由美好的生活。在你体会到获取知识的乐趣之后，学习就能变成一个自发探索、不断成长的过程，而不再是如坐针毡的痛苦煎熬。

曾经，伽莫夫的《物理世界奇遇记》、别莱利曼的《趣味物理学》、伽德纳的《啊哈，灵机一动》等经典科普作品为几代人打开了理科学习的大门。无论你是为了在遇到困难时增强信心，还是在学有余力时扩展视野，抑或只是想在紧张疲劳时放松心情，这些亲切有趣的作

宇宙哪来的

品都不会令人失望。虽然今天的社会环境已经发生了很大的变化，但支撑现代文明的科学基石仍然十分坚实，建立在这些基础知识之上的经典作品仍有重读的价值，只是这类科普图书数量较少，远远无法满足年轻学子旺盛的求知欲。我们需要更多更好的故事，帮助你们适应时代的变化，迎接全新的挑战。未来的经典也许会在新出版的作品中产生。

希望这套"科学年少"丛书能够帮助你们领略知识的奥秘与乐趣。让你们在求学的艰难路途中看到更多彩的风景，获得更开阔的眼界，在浩瀚学海中坚定地走向未来。

宇宙令人着迷，同样也令人恐惧。因为人们害怕未知，却又被未知深深吸引。但不要忘记，我们从宇宙而来，是宇宙存在的结果。正是因为宇宙大爆炸，我们才能站在这里……

《宇宙哪来的》是一场寰宇探索，环游之中你可以发现，人与宇宙的共同之处比想象中更多。但这本书更是一次好奇心之旅，从小我们常常不停问自己，因为我们对一切有与生俱来的好奇。

这本书是属于你的旅程，只属于你。你会读到你已经知道的，你以为你知道的，和你尚不知道的一切。旅途最后，你会怎么想？只有你自己知晓。

来吧，宇宙正在等待……

亚历克斯·里维罗

目　录

序言

你是否曾在一个星光灿烂的夜晚仰望天空，沉浸于无尽遐想？也许在那一刻，你已经来到了一个由恒星和行星组成的无边海洋。思绪去到那些我们在地球上无法想象的世界，有的存在生命，甚至智慧生灵，有的则如地狱般一片荒凉。

或者你只是问自己银河系中有多少颗星，试图理解这个无限大的宇宙，以及我们生活的这个小小的蓝色星球。不管怎样，你一定曾在你生命中的某个时刻与天文学不期而遇。

我们是好奇的动物。从孩提时代起，我们就忍不住问自己关于这个世界的问题。为什么天空是蓝色的？为什么草是绿色的？为什么土星有环？科学就是探寻我们一直问自己的问题的答案。

而天文学的目的就是让我们走近宇宙中的一些伟大奥秘。比如宇宙是什么？为什么地球上有生命？它是银河系中唯一有人居住的行星吗？宇宙呢？在其他地方有生命吗？我们可以联系他们吗？也许你的好奇心又去了其他地方：我们能穿越时空吗？有可能看到恐龙灭绝之前吗？或见证未来人类的灭绝吗？

如果你曾问过自己这些问题，那这本书就是为你准备的。这是一份请你去探索宇宙的邀请函。不管你会感到兴奋还是害怕，都是正常的反应，因为我们会被未知吸引，也会因未知恐惧。而克服恐惧的最好方法就是了解我们不知道的东西。

从某种意义上说，理解宇宙就是理解我们自己。因为我们是它的一部分，是宇宙存在的直接结果。宇宙大爆炸产生了空间和时间，你我因此而存在。

我们在这里，是因为在宇宙诞生后不久，一个叫作银河系的星系形成了。在那里，45亿年前，在无数星星之间，诞生了一颗恒星，它身边围绕着一颗普通的岩石行星。现在，你就在这颗行星之上。来吧，我带你去宇宙的边界开始一段旅程……

第一章
无限大的宇宙

　　这段旅程从一个非常遥远的地方开始，在那里，别说地球，连银河系都看不清楚。我们将从距离家园数十亿光年的宇宙外围起步。这里是星系纤维状结构和宇宙超真空的王国，此时的宇宙看起来就像一个精细而微妙的神经网络。

　　星系纤维状结构由数百万计的星系组成，从远处看去，星系之间无法区分。超真空则是一片很大的区域，那里看起来什么都没有。它们将各纤维状结构分开，构成神经网络的形态。

　　然而，不能说这些区域中空无一物。因为在其内部，肉眼看不到的地方，还有许多星系。但那不是我们要去的方向。因为银河系是可观测宇宙里 2000 亿星系中的一个旋涡星系，不在这些大空洞中。它位于纤维状结构中的某处。这些结构的大小多在 1.6 亿光年至 2.6 亿光年，是超真空的边界。

纤维状结构是超星系团的一部分，后者由成千上万个星系聚集而成。从这个距离上看，只能观测到一个超星系团，且只有一双有经验的眼睛才能辨认得出，那就是"拉尼亚凯亚超星系团"。这个名字在夏威夷语中的意思是"无边无际的天空"。它对我们来说有非常特殊的意义。

该旅程将带我们到达一个可以找到地球的地方，"拉尼亚凯亚"纤维结构中的超星系团。面前的 5.2 亿光年中，约有 10 万个星系，人眼无法——分辨。其中一个便是银河系。就算再怎么努力尝试，也无法通过肉眼看出银河系的位置所在，因为我们仍然处在一个比星系大得多的结构当中。

"拉尼亚凯亚"是一个临时结构，因为其内部的超星系团间并无引力束缚。因此，随着时间的推移，它将逐渐发生变化。整个变化过程的规模将远大于人类生命，在人的一生中，宇宙似乎是完全静止的……

在"拉尼亚凯亚"的所有超星系团中，我们只有一个明确的目的地，那就是"室女座超星系团"。其直径约 1.1 亿光年，拥有约 100 个星系团。但我们仍离家园很远。虽然正在缓慢靠近地球，但在现在的位置上，肉眼仍然无法辨认出银河系，也无法分辨出从地球上用望远镜就可以看到的任何一个星系。

据估计，宇宙中共有 1000 万个超星系团。我们的银河系，整个室女座超星系团，以及所有构成"拉尼亚凯亚"的超星系团，都正以每小时 220 万千米的速度向其中心移动。那里是"巨引源"的所在地，一个质量比银河大数千倍的空间区域。我们很难对其开展研究，因为从地球上看，其位置被银河遮挡。但一切似乎都在表明，"拉尼亚凯亚"的中心，也就是巨引源，就是一个巨大的超星系团，即"船帆座超星系团"。

它距银河系 8.7 亿光年，为人类能够在宇宙中观测到的最大结构。你可能无法想象，在你阅读这段话的时候，我们的银河正以每小时 220 万千米的速度向着 8.7 亿光年以外的地方前行。如果人类可以光速行进，那么还有 8.7 亿光年就可以到达目的地了。也许你很难理解这个时间概念，它相当于恐龙灭绝到现在（6500 万年）的 13 倍，也相当于 3.5 个银河年。一个银河年即太阳绕银河系公转一周的时间，约 2.5 亿年。

宇宙的大小和形状深奥难懂，而人类的大脑并不擅长处理庞大的数字。在谈及宇宙时，不能用常规的单位去思考。在宇宙最大的尺度上，"千米"简直小到不值一提，甚至连光在真空中走一年的距离，即相当于 9.5 万亿千米的"光年"，也是如此微不足道。

我们的旅途从宇宙最遥远的边境开始，去往地球，现在，让我们稍事休息。我们正在距离银河系百万光年之外的室女座超星系团，从这里仍无法辨认出银河的所在，但有两个大星系团令人瞩目，一个是位于其中心的"室女座星系团"，由约 1300 个星系组成，还有一个是"本星系群"，拥有包括"仙女星系"在内的 54 个星系。在这里，我们已经远离了熟悉的苍穹，继续在无法想象的尺度上前进。

在地球上，可以通过一个小型望远镜看到室女座星系团的部分星系。法国天文学家查尔斯·梅西叶曾在1770 年末到 1780 年初观测到了其中最亮的星系"梅西叶49"，之后还在这个星系旁发现了"梅西叶 87"，即位于室女座星系团中心的一个椭圆形星系。"梅西叶 87"是人

　　　　　　　　　　　　　　　　　　　　宇宙哪来的

类可以观测到的最大的几个星系之一，其中心喷射出的一股蓝色物质喷流为其非常显著的特征。

一般认为所有大型星系的中心都有一个巨型黑洞，"梅西叶87"也是如此。但与银河系中心黑洞不同，"梅西叶87"的黑洞仍然活跃，它仍在吞噬物质。但并非所有被吸收的物质都会落入黑洞，有时部分物质会加速到接近光速，形成高能等离子流喷射而出。"梅西叶87"的喷流自其核心向外延伸5000光年，因此在本次旅行中，这个椭圆形星系会是备受瞩目的一站。

"梅西叶87"只是室女座星系团的所有星系中为数不多引人关注的一个，和旋涡状的银河系不同，它是椭圆形的。从这个距离上看，椭圆星系仿佛一个向外弥散的巨大光球，无法看清其中的任何一颗星星，也无法看到诞生新星的气体云。

椭圆星系其实主要是由年老的恒星组成的，而如银河系或仙女星系的旋涡星系中，则多为年轻的恒星，其结构也更加清晰。因此，一般认为椭圆星系为旋涡星系碰撞而成。

在旋涡星系中，恒星几乎在同一平面围绕着中心旋转，又因其美丽的星系臂上存在气体云，所以形成了鲜明的螺旋形状。尽管有些星系看起来确实很像我们的银河系，但仍然没有任何两个旋涡星系是一模一样的。

现在，让飞船继续起航，离开室女座星系团，来到本星系群，来到我们可爱的家吧。这里距宇宙边界数百万光年。我们已经从最大的结构来到了更小的结构，就好像巨型俄罗斯套娃，每打开一个都会有更多更小的娃娃在里面。这场旅行如同在微观世界的旅行，一样让人感到深奥莫测。

对人类的头脑来说，这既是祝福又是诅咒，因为我们往往习惯于在比宇宙小得多的规模中行动，但它仍比微观世界要大得多，因此，我们难以想象和量化现在看到的尺度。

此时，已经可以看到本星系群，辨认出亲爱的银河系了。我们的四周布满了众多的星系，可以通过颜色判断其运动方向，有一些偏红色，那是因为它们正在远离银河系，还有一些偏蓝色，就像仙女星系，说明它们正在向银河系靠近。

为什么会有不同的颜色？因为红移和蓝移现象。这

宇宙哪来的

与救护车鸣笛声变化差不多，当救护车从远处驶来，汽笛声会越来越尖锐，当向远处驶去，声音又变得低沉。这是因为声波在到达我们耳朵的途中变得越来越短，反之，当声源离我们越来越远时，声波也变得更长。

星系光谱变化也是这个原理，当星系远离我们时会呈现出红移现象，因为长波长为红光。也有波长更长的光，但除非借助其他工具，人类仅靠肉眼是看不到的。反之，当星系靠近我们时会呈现出蓝移现象，因为短波长为蓝紫光。当然也会有波长更短的光，但同样，如不借助工具，人眼也是看不见的。

本星系群中有 54 个星系，其中多为比银河系小得多的矮星系。有三个比较大的星系：仙女星系、三角星系和我们的银河系。在宇宙的时间尺度上，这一景观将转瞬即逝，因为在大约 45 亿年内，银河系和仙女星系将会发生碰撞，形成一个椭圆星系，名为"银女星系"。不久之后，三角星系也会与其发生碰撞。从某种程度上来说，我们是幸运的，因为我们存在于宇宙历史的这个瞬间，能够观测我们的家园，而在遥远的未来，一切都将不复存在。

不过你千万不要被"碰撞"这一说法吓到，尽管星系间的碰撞听起来是灾难性和末日性的，但它其实经常发生，是宇宙生命最重要的机制之一。两个星系碰撞、形成新的星系，但其中大部分远离中心的星星（如银河系中的太阳）都不会发生明显的变化。恒星间的碰撞并不常见，因为虽然难以想象，但宇宙其实很大，而且很空。

让我们回到现实吧。这场旅行离家越来越近了，从这里，已经可以看到仙女星系、三角星系和银河系在大放异彩。但仍看不清太阳系的所在。

在这三个星系中，仙女星系是最大的，其直径约为22万光年，几乎是银河系的2倍（银河系直径为12万光年）。三角星系是最小的，直径只有6万光年，可能是仙女星系的伴星系。它虽然比较小，但它依然非常重要。当天空完全晴朗，没有光污染时，我们可以一眼看到这个位于300万光年之外的星系。在不借助任何工具的情况下，三角星系是我们在地球上可以肉眼观测到的最遥远的天体。同样，我们也可以用肉眼看到在250万光年之外的仙女星系。

除了这三座星系之外，还有很多值得关注的伴星系。

如仙女星系的伴星系"梅西叶32"，它是一个典型的椭圆星系，边界模糊，其中大部分为年老的恒星，不能够形成新的恒星，因此它呈现出一种多数椭圆星系特有的橙黄色调。

"梅西叶32"为何会成为一个椭圆星系仍是一个谜，天文学家推测可能是由于与仙女星系之间的引力相互作用。从宇宙视角来看，这里仿佛是我们的一个后花园，但不管怎样，无论是在更遥远的宇宙深处，还是在这里，都还有很多未解之谜在等待我们探索。

我们可以在本星系群中观测到的伴星系都与更大的星系间有相互作用，如人马座矮椭球星系，它在穿越银河极区的轨道上环绕银河系，因此该星系的一部分比银河系盘面更高，另一部分更低。不可思议的是，它将在数百万年后与银河系碰撞，并缓慢被其吸收（人马座矮椭球星系在银河系中的位置在与地球相对的另一端）。

如果你住在南半球，那你一定对以下两个矮星系不陌生：大小麦哲伦云。大麦哲伦云位于16.3万光年之外，是本星系群第四大的星系，仅次于前面提到过的仙女星系、三角星系和银河系。其大小约为1.4万光年，形状不规则，中心同银河系类似，含有棒状结构，但由于与银河系和小麦哲伦云的引力相互作用，其旋臂并不清晰。在北半球，除非在北纬 20 度以下的位置，人们将无法看到大麦哲伦云。但在南半球，可在剑鱼座和山案座之间找到这一模糊的云状星系。在夜空中，大麦哲伦云的面积比月亮大约 20 倍，但只有在没有光污染的地方才能看清。

矮星系的特点之一是它通常处于剧烈的恒星形成过程中，这对于麦哲伦云来说也不例外，其中的"蜘蛛星云"是本星系群中最大且最活跃的恒星形成区之一。中心处恒星的光芒将其照亮，非常耀眼夺目。如果将它放入银河系，放在距离地球 1400 光年之外猎户星云的位置，明亮的蜘蛛星云将在地球表面照出影子。

除此之外，1987 年的超新星爆发即发生在蜘蛛星云内。当时在南半球，人们可以裸眼看到它的光芒，这也是人类在现代天文学中首次有机会研究这一宇宙最剧烈的现象之一。

当我们把目光从大麦哲伦云上移开，会看到一座逐渐消失在远方的物质桥——"麦哲伦桥"，它连接着大小麦哲伦云。小麦哲伦云距离银河系 20 万光年，相对更加遥远。其直径仅有 7000 光年，但在南半球仍可以看到它。

尽管与"姐姐"大麦哲伦云相比，小麦哲伦云没有那么引人注目，但在其中仍发现了恒星形成区，如 N90 星云，它环绕着疏散星团 NGC 602。疏散星团由许多年轻的恒星组成，它们都是在近百万年内最新形成的。

让我们重新启程，朝着最终的目的地前进。周围的星空越来越熟悉了。我们将伴星系留在身后，进入银河系——我们的家园吧。这是一个棒旋星系，从远处看，它与其他棒旋星系别无二致。

如果一个人从远方的另一个星系观测，他一定不会想到，在遥远的这座由星星和气体组成的星系中，有一个星球上住着智慧生灵。尽管现在银河系就在你我眼前，我们仅能大概指出太阳系所处的位置。真正引起我们注意的是美丽的旋臂和中心的银棒。

飞船继续向太阳系缓缓飞去。在银河系中心，可以看到一个巨大的黑洞。一般认为所有大型星系中心都有一个黑洞。银河系的黑洞名为"人马座 A*"（* 可读作"星"）。在广袤的宇宙中，此处是我们的家园中最混乱、最活跃的地区。

　　银河系的中心为隆起状，聚集了大量星星。这就是"银河系核球"，也是证明银河系为旋涡星系而非椭圆星系的直接证据之一。如何得知？只需观察一下周围其他星系即可。

　　从宇宙边界旅行至此，我们已经见到许多旋涡星系，每一个的中心都呈现隆起状，这与椭圆星系不同，后者外观看起来更加模糊。旋涡星系的旋臂也十分引人注目，它由星系中心延伸而出的星组成，其中多为发着蓝色光芒的年轻恒星。

　　我们的太阳系就位于其中的一个旋臂之中，名为"猎户臂"，长 1 万光年，宽 3500 光年。我们在地球上观测到的一些著名天体都在这条旋臂之中。如"猎户座阿尔法"（即"参宿四"），这颗恒星已经来到了它的生命后期，未来的某一刻，它将爆发为一颗超新星。也许将发生在几百万年后，但从宇宙的视角来看，不过就是瞬息之间。尽管有一些灾变论支持者危言耸听，但参宿四的死亡并不会对地球造成威胁。它的距离太过遥远，所以爆炸并不会对地球产生严重影响。

　　　　　　　　　　　　　　　　　　宇宙哪来的

在猎户座阿尔法附近，还有其他的天体也在提醒我们离家不远了。"猎户星云"就是其中之一。这是地球上可观测到的最明亮的星云之一，位于1344光年之外。无需借助任何天文器材，仅凭肉眼就可以看到。这也是距离地球最近的恒星形成区。

你有没有问过自己，银河系的中心在哪里呢？其实它就在人马座的方向，但由于星云和恒星的阻挡，我们无法直接看到它，只有借助仪器，利用其他波长观测，才能看到银心。

"人马座A*"的王国其实比想象中更活跃，那里存在大量的恒星。在半径为3.26光年的范围内，就有大约1000万颗恒星，要知道这个距离比太阳到距其最近的恒星系"半人马座阿尔法"（即"南门二"）的距离还要短。这些恒星大部分都已走到其生命末期，但仍有近几百万年间新形成的年轻恒星。

现阶段，银河系中心地带已停止形成新的恒星，但由于观测到了一大股物质聚集，可能在2亿年后，银心将重新开始形成新星。到那时，许多恒星将以比普通情况大百倍的速度在银心区域诞生，同时也将影响银心附近可观测超新星爆发的频率。

旅程就快结束了。远处，在乘坐的飞船前方，已经可以看到一颗恒星，与其他黄矮星相比没有什么特别之处，但对我们来说却至关重要，那就是太阳系的中心天体——太阳。

我们居住在一个直径约 12 万光年的星系中，距银心约 2.5 万光年。如果将银河系比作一座大城市，我们相当于住在郊区。远离所有喧嚣，也远离了银河中最孤独的地方。也正是在这里，在无数个岩石星球中的小小一个，我们获取知识，学会在最大的尺度上理解这个宇宙。在这个世界，我们不仅可以研究千百万光年外的太空，更可以探索银河系最不平静的中心地带。

我们终于离旅途终点越来越近了，就是那颗小小的岩石星球，它呈现出的耀眼蓝色，说明表面有液态水形成的海洋。在一颗正处中年的恒星的庇护下，在这样一个既迷人又熟悉的行星系统中，我们的星球就在这里。用宇宙的尺度来看，银河系仿佛一粒原子。而在如此浩瀚无垠的太空中，人类就居住在太阳系，这颗小小的蓝色星球就是我们唯一的家。它仿佛一个隐藏在尘埃和气体中的街区，一个在 45 亿年前建成的小城……

第二章
一颗星星

太阳系的历史远早于太阳的出现。我们的恒星和其他恒星一样，是在一个布满星际尘埃和气体的星云中形成的。我们周边就有几座这样的恒星工厂，比如 1344 光年外的猎户星云，以及 7000 光年外的鹰状星云。哈勃望远镜拍摄的著名的"创生之柱"就位于鹰状星云之中。

正是在这里，在这些巨大的云中，新的恒星诞生了。当星云的一个区域发生塌陷，恒星便开始形成。由于组成星云的物质分布并不均匀，有一些区域的物质较其他地方更加浓密。当其中一部分积累了足够的物质，就会发生坍缩。引力将物质向中心吸引，不断收缩，同时吸收星云中更多的物质。

太阳的形成可能花费了数千万年。当然，很多同类型恒星的诞生可能也用了相近的时间。这就是所谓的"原恒星"阶段，即恒星形成的起始阶段，当聚集了充分的物质，其内核将能够爆发核聚变。

如果未能发生核聚变，它将变成一个褐矮星。褐矮星比行星大，比恒星小。一个分子云在其所有的物质消耗殆尽之前，可能能形成数千个恒星和褐矮星。

物质积累了 1000 万年后，太阳在原恒星阶段迎来了核聚变的那一刻，它已经成长到足以变成一颗全新的恒星。太阳喷出强大的太阳风阻止了更多物质的坠落。但没有人可以观测到这场剧变，也没人可以弄清楚我们的太阳是否刚刚诞生。因为原恒星就算已经开始了核聚变的过程，也是被尘埃和气体笼罩着的。

一部分物质变成了围绕在这颗新星周围的圆盘，即所谓的"原行星盘"，未来组成该行星系统的天体都将从这里诞生。从这时起，一场历时几百万年的与时间的赛跑开始了，太阳被这个充满物质的原行星盘包围，未来，其所在的行星系统将以它命名。新生的太阳不断升温，环绕其周围的气体逐渐蒸发了。这段时间看起来很长，但在天文的尺度来看很短，也就是说，我们熟知的太阳系天体只能在很有限的时间中积累物质、演变形成。

我们清楚地知道恒星是如何诞生的：一个分子云中的很多区域都可能坍缩，每一个区域都将成为未来新生恒星的摇篮。也就是说，太阳在银河系中其实有很多兄弟姐妹。具体有多少个呢？很难得到确切的答案。在几百万年间，太阳的身边曾陪伴着许多同辈，它们都是新生的恒星，因彼此间的引力而相互吸引，形成了所谓的"疏散星团"。随着时间的流逝，它们逐渐分开，各自走上了不同的路。就好比一群兄弟姐妹在成年后都会选择不同的道路继续前进。

在所有的手足当中，有一部分和太阳类似，都有着相似的寿命。也有一部分体积和质量更大，所以寿命也更短。当然，一定还有一些更小的恒星，它们的生命就会比太阳长得多。

我们还尚未搞清楚的是，原行星盘是如何产生的？它又是如何形成行星和卫星的呢？我们只能通过观察太阳系来尝试回答这些问题。为了解释这个过程，天文学家创立了很多模型，也就是通过计算机仿真，基于不同演算，结合多种假设，天文学家可以研究一个天体的进化，比如原行星盘的产生。

行星可能是分阶段形成的，从很小的天体开始，逐渐成长。就如同太阳也是在物质的逐步积累中诞生的，天文学家称之为"核吸积模型"。该模型向我们解释了岩石行星（水星、金星、地球和火星）是如何形成的。同时也让我们疑惑，气态巨行星（木星、土星、天王星和海王星）又是如何产生的呢？

太阳诞生后，其周围剩余的物质开始在不同的位置聚积，小颗粒逐渐变成大颗粒。此时的太阳已经十分活跃，太阳风吹开了周围的氦气和氢气，只剩下最重的物质，并促成岩石行星的形成。在太阳风不那么强烈的外围，氦气和氢气得以聚集，形成了气态巨行星。

"吸积模型"也可以解释小行星和卫星是如何产生的。但它也存在一个主要的问题，对于木星或土星这样的巨行星来说，其诞生过程漫长，可能没有那么多时间积累足够的物质。所以这个模型非常适合分析小型行星，但对于更大的行星来说就不那么适用了……

这就需要介绍第二种模型，"盘不稳定性模型"。它认为巨行星的形成过程是反向的，即气体和尘埃是在短时间内聚集起来，并逐渐压缩成为巨型行星。在太阳蒸发掉这些物质之前，巨行星不断吸收气体和尘埃，只需1000年左右即可成形。

"盘不稳定性模型"也引出了一个疑问：原行星盘的冷却速度可以达到这么快吗？也许这种情况只会发生在离恒星很远的地方。或许这两种模型可以解释不同距离上行星的形成，我们只能通过分析围绕其他恒星旋转的行星来验证。2005 年，天文学家发现了系外行星"HD 149026 b"，其巨大的行星核由比氢气和氦气更重的物质组成。巨行星的内核不一定都是岩石，也可能是处于极端压力和温度条件下的元素，这也印证了"吸积模型"的假设。我们仍需大量证据才能证明这两者谁是正确的，但现在看来"吸积模型"是最为大众所接受且最接近事实的假说。

除以上两者之外，还有其他相关的模型，其中有一个不如前两个假说流传广泛，但也十分受人关注，那就是"鹅卵石加积模型"。我个人觉得这个模型很美，因为它让我想到了动物世界。它将"适者生存"理论应用到天文学领域，认为行星是由鹅卵石聚集结合而成的。

所谓鹅卵石就是小型物质碎片，可能只有几厘米长。随着时间的推移，逐渐积累形成不同大小的物体。其中体积较大的控制其周围的环境，将体积中等和较小的驱散开来。换句话说，这些大型天体成了天文学中的"草原王者"，得以继续吸收物质。因此，最终只有它们生存了下来。

可能会令人失望的是，太阳系到底是如何形成的这一问题还没有确切答案，但这就是天文学，这就是科学。我们需要提出假设，观察入微，验证什么是对的，什么是错的。年复一年，人类的知识也将越来越丰富。

通过观测太阳系外的其他遥远天体，我们发现巨行星可能不是在其现在所处的位置上产生的。它们应当是在十分靠近太阳的地方形成，并在几百万年间，逐渐迁移到了如今的位置。这就是"尼斯模型"，它阐述了太阳系起源的另一种可能性。该假说是在法国尼斯提出，因此而得名。

假想认为，巨行星曾处在由岩石和冰块（它们将成为未来的彗星和小行星）组成的圆盘之中，圆盘一直延伸到如今的海王星轨道，距太阳45亿千米。巨行星和这些小天体的引力相互作用会引起能量交换，使得土星、海王星和天王星不断向太阳系外围移动。

一段时间过后，这些小天体到达离太阳更近的木星的位置。作为太阳系中最大的行星，其引力会将小天体们甩向太阳系最边缘，甚至甩出太阳系。

"尼斯模型"仿佛一场伟大的行星之舞。土星和木星之间的相互作用会影响天王星和海王星的轨道，使其变得更加偏心、不那么圆，进而让它们得以穿过更多有岩石和冰等小天体的区域。其中的一些小天体会被向内抛射，撞击岩石行星，另外的一些则会被向外抛射。

"尼斯模型"还提出了两个有趣的观点。首先，它解释了"柯伊伯带"是如何形成的。"柯伊伯带"位于太阳系，其中充满了数以百万计的岩石和冰块。冥王星也位于这里，多年来，我们曾一直认为它是一颗行星。其次，它认为天王星和海王星的轨道曾交换位置，海王星被推向了更远的地方。

以上所有模型中，哪一个是正确的呢？毫无疑问，最为广泛接受的是"吸积模型"，但它们三者均能提供看待问题的不同角度。

"尼斯模型"还告诉了我们土星和木星在太阳系中的重要性。这两个天体不仅在视觉上令人印象深刻，它们在太阳系中的存在也有十分重要的意义。数十亿年来，土星和木星之间的引力相互作用塑造了我们这个小小的宇宙社区。

总有一些问题会引起天文学家的兴趣。为什么火星的大小约为金星和地球的一半？理论上讲，火星的体积应当与这两个星球相当。火星与木星之间的小行星带又是怎么回事？它由石砾和冰块组成，前者来源于太阳附近的位置，后者则来自太阳系最远处的一些区域。

问题的答案耐人寻味。木星可能并不一直是距离太阳第五近的行星。在其生命早期，可能经历过一次迁移。之所以说"可能"，是因为这仍是一个假说，即所谓的"大迁移假说"，我个人将其称之为"木星大迁移说"。

木星现在所处的位置距太阳 7.8 亿千米，而假说认为，45 亿年前，木星可能离太阳更近，在距其 5 亿千米的位置诞生。随后，它被太阳周围的气体流捕获，逐渐朝太阳靠拢，直到到达如今火星位置的附近，距太阳 2.25 亿千米。

是什么阻止了木星的行进？根据假说，可能是土星。土星也曾被太阳周围的气体流捕获，并逐渐向太阳系内部运动。当它足够靠近木星时，两颗星之间的气体被排出，它们不再向太阳靠近。如果不是这样，木星和土星可能会撞上太阳，就算没有撞上，现在它们可能在水星和太阳之间的轨道上运行。

这场毁灭性的靠近停止了，慢慢地，木星和土星开始远离彼此，木星到达了其现在的位置，土星则停在了距太阳 10.5 亿千米处。再后来，由于引力相互作用，土星迁移到了如今距太阳 14.29 亿千米的位置。

我们无法验证假说的真实性，但如果成立，又会产生两个问题。首先，火星和木星之间的小行星带是如何存活下来的？这可能是因为木星这一气态巨行星的迁移过程十分缓慢，导致其引力不仅未能摧毁小行星带，反倒使两者互换了位置。第二个问题与火星有关，因为它的体积本应比现在更大。

木星在太阳系迁移的过程中可能驱散了不少本可以被火星吸收的物质。理论上讲，火星的体积应与地球和金星相当。那这些被驱离的物质去往了哪里呢？正是被地球和金星这两颗岩石行星吸收了。

我个人非常喜欢木星土星大迁移的假说，因为它阐释了这两颗巨行星的重要性。木星可能充当了盾牌的作用，因为它捕获了可能会撞向内行星的小行星和彗星。相反，也有人认为，木星巨大的引力会破坏其他天体的稳定性，在太阳系内部造成更大冲击。

但以上不过是一种可能的解释。我们没有太阳系演变过程的录像，所以面对在宇宙中的所见所闻，需要提出各种问题，并尝试解答它们。如果没有木星，可能小行星带能积累更多物质，最终形成一颗行星。

我们不仅不了解太阳系的过去，也不了解它的现在。太阳周围曾有多少颗行星？或许不止今天的八个。部分行星可能由于不同的引力作用，脱离了银河系中的这一小小角落，成为流浪行星，没有恒星照亮，围绕着银河系的中心旋转。据统计，在我们银河系中存在着数十亿颗流浪行星。

还有一种可能性是，其中的某一颗行星正在比其原始轨道更远的轨道上运行。2015 年，天文学家提出一种假设，认为在太阳系外围存在着第九颗行星，所处位置比海王星和矮行星冥王星更远。这颗假想的行星被称作"第九号行星"，在日地距离的 700 多倍之外。如果它真的存在，国际天文联合会会给它起一个更好听的名字的，你放心。

它存在或不存在都十分引人关注。因为当我们将太阳系与近十年发现的其他行星系统相对比时，总能够发现许多问题。在所有围绕其他恒星旋转的系外行星中，有两类最为常见，一个是"超级地球"，即比地球体积和质量大数倍的类地行星，另一个是"迷你海王星"，即比海王星小很多的巨型冰行星。它们存在于许多我们已经观测到的行星系统中，数量较为丰富。但太阳系中没有任何一个行星属于以上这两类。"第九号行星"可能是一个"超级地球"，也有可能是一个"迷你海王星"，但我们为何可以提出"第九号行星"是否存在这一问题，又如何能够确定它的大小呢？

在海王星之外存在一些天体，它们有着奇特的运行轨道。其近日点距离大致相同，如果从上往下看，都位于太阳系的同一侧。据此，美国天文学家迈克尔·布朗（1965）和俄罗斯天文学家康斯坦丁·巴特金（1986）认为，在太阳系对应的另一侧可能存在一个行星。

根据这些天体的轨道，可以推测出这一假想行星的不同属性。例如，它绕太阳公转一圈可能需要 10 000 到

20 000 年，比冥王星的公转周期 248 年要长得多。此外，其质量应是地球的 10～20 倍，因此，它可能是一个"超级地球"或"迷你海王星"。但由于它的亮度远低于冥王星，且距离十分遥远，所以尽管它如此之大，也很难被观测到。

如果最终"第九号行星"假设得到证实，相关研究将对我们大有裨益。因为天文学家将能够更好地分析这些在其他行星系统中发现的天体，也可以让人们更深入地了解太阳系。实际上，通过那些已知的行星系统，我们已经意识到太阳系与它们之间并没有太大不同。

找得到也好，找不到也罢，可能都要等上数年才能得出结果。在太阳系外围寻找一颗行星就仿佛大海捞针，尽管知道针大概落在哪里，也需要极大的耐心才能成功。

我们就在一个普通星系中的普通恒星的庇护下生活。研究表明，银河系中共有数十亿颗像太阳这样的恒星。不用走太远，距离太阳系 4.37 光年的"半人马座阿尔法星 A"（即"南门二 A"）就是一颗与太阳十分相似的恒星。与 46 亿年的太阳年龄相仿，它也有大约 44 亿年了。

"半人马座阿尔法"（即"南门二"）是距离太阳系

最近的恒星系统，由三颗恒星组成，"半人马座阿尔法星A""半人马座阿尔法星 B"（"南门二 B"）和比邻星。距离 11.9 光年处，我们可以找到另一颗与太阳相近的恒星，"鲸鱼座 τ 星"（"天仓五"），但其年岁更大，有 58 亿年。在 19.8 光年处，又可以看到 61 亿年的"波江座 82"（"天园增三"），在 19.9 光年处，还有 70 亿年的"孔雀六"。

从宇宙的尺度上来看，这些恒星之间其实离得很近。数十亿个与太阳相似的恒星周围都有一个行星系统，因此同样可能存在数十亿颗类地行星。它们都处在合适的距离上，可能在表面形成液态水，且大小与地球相近。也就是说，我们所居的星球其实是如此平平无奇。但是，我们也并非平庸之辈。

下次你抬头仰望星空时，记得仔细观察一下那些星星。其中的许多都可能有自己的行星系统，也许你正看着的那一颗很像太阳，又或许在它周围，存在着一颗与地球很相近的岩石行星。在这颗行星上，数十亿年前，生命开始诞生，演变至今，也出现了智慧生灵，正观察着他们头顶的天空。也许他们正看着我们的星球，这个从远处看起来毫不起眼的世界，好奇在那里是否也存在着和他们一样的生命，同样具有智慧，询问着关于宇宙的问题。这就是住在一个普通恒星周围的普通行星上的美妙之处。

随着科技的发展，我们还会发现更多围绕着其他恒星旋转的行星系统。其中的一些与太阳系出奇地相似，另一些则与我们熟知的完全不同。比如说，有一些气态巨行星离它的宿主恒星很近，我们称之为"热木星"，因为它们虽与木星大小相近，但由于公转轨道过于接近主星，因此，它们公转一周仅需几天，温度也比木星更高。

还有一些行星围绕着比太阳小很多的恒星运行。TRAPPIST-1 就是这样一座行星系统，由七颗行星组成，它们离宿主恒星的距离均未超过金星到太阳之间的距离。此外还有"比邻星 b"，一颗大小与地球类似的岩石行星，它围绕着比太阳更小、更冷的比邻星公转。以上都是我们在银河系中观测到的小天地，且仅是很少的一部分。

银河系中有 2000 亿颗恒星，但银河系仅是可观测宇宙中 2000 亿座星系中的一座，其中每一个都拥有数不清的恒星和岩石行星……

我们说太阳是一颗普通的恒星，是因为它和银河系

宇宙哪来的

中其他恒星一样，都是从分子云中诞生，然后逐渐形成自己的系统。它们的形成基本上都是依靠着同样的元素，在银河系的这个小角落里都可以找到。如果回到过去，可以发现我们其实是数十亿年来发生的一系列事件的结果。

此时，我们来到了所有恒星和所有小世界共同的起点，138 亿年前的宇宙大爆炸，那是空间的诞生，随之而来的，还有时间……

第三章
宇宙的抄写员

没有任何资料阐释过宇宙形成之初是什么样子。我们也无法找到任何历史文件，能够描绘出这样一个遥远的时代。但是科学能够重现这一过程，让人类成为自己历史的抄写员。

所有的一切起源于 138 亿年前。这不是一句简单的言辞。在大爆炸之前，我们根本无法谈及空间或时间这样的概念。但大爆炸之后，一切都形成了。在宇宙诞生之前有什么？无处可知，可能什么都没有。

我们知道宇宙有一个起源。通过对太空的观测，可以发现星系正相互远离，宇宙在不断膨胀。如果颠倒时间之箭，回到过去而不是去向未来，则可以看到一切会朝向着相反的方向发展，走得越久，星系会越离越近，宇宙也会变得越来越小。当我们回溯得足够远，将会看到一个有趣的现象。

宇宙所有的物质都集中在一个比原子还要小的、温度极高、密度极大的点处。某一刻，这个点开始膨胀，年轻的宇宙诞生了。但还不到一秒，它身上已经发生了许多变化。实际上"宇宙大爆炸"这个名字有一定的欺骗性，因为并未发生任何爆炸，而是一次速度极快的膨胀。

宇宙诞生初期被称为"普朗克时期"，也就是大爆炸发生后 10^{-43} 秒，即 0.000 000 000 000 000 000 000 000 000 000 000 000 000 000 000 1 秒之后。10^{-43} 秒被称为"普朗克时间"，是最小的时间单位。在如此短暂的一瞬，宇宙所有的基本力全部聚齐。那时的宇宙与现在的样子大不相同。据估计，在"普朗克时期"，宇宙温度达 10^{32} 开尔文，即 1 后面有 32 个 0（1 开尔文等于 −272.15℃，但由于开尔文刻度与摄氏度刻度间隔一致，故也可以说当时的宇宙温度大约为 10^{32} ℃）。

紧接着，从 10^{-43} 秒到 10^{-36} 秒，宇宙又迎来了"大一统时期"。此时，引力从其他基本力中分离，剩下的三种力组成了电核力。又是极短的一瞬，宇宙已经在冷却了，并已降温至足以产生以下两个不同的现象。

这时，两个不同的时期同时出现了："电弱时期"和"暴胀时期"。在"电弱时期"，强核作用力与其他两种基本力（弱核作用力和电磁力）分离。而在"暴胀时期"，我们可以为今时今日观测到的现象找到相应的解释。比如，可以在现今宇宙中找到两个相隔百万光年却拥有非常相似特性的点，它们具有"各向同性"，这说明，在很久很久以前，它们曾相隔很近。什么时候呢？正是在"暴胀时期"之前。

"暴胀时期"很短暂，可能仅从 10^{-36} 秒到 10^{-33} 秒或 10^{-32} 秒。然而离讲完第一秒钟发生的事情还很远。在比眨眼的工夫还要短的瞬间，宇宙已经扩大了 1026 倍。这就好比将一个 1 毫微米（0.000 000 01 米）的物体，或一个 DNA 分子半径那么长的东西，变成一个直径为 10.6 光年的庞然大物。也就是从 0.000 000 01 米，膨胀至 974 455 238 675 822 400 米那么大。

随着宇宙的膨胀，温度也在继续下降。在"暴胀时期"的最后，大爆炸后 10^{-32} 秒，温度已滑落至 10^{22} 开尔文。

第 10^{-12} 秒，宇宙进入了"夸克时期"。在这一刻，一秒钟都不到的时间里，四种基本力分离成了我们熟知的引力、强核作用力、弱核作用力和电磁力。但这时的宇宙仍有过量的能量，还不能让夸克相互结合，形成强子，因此，这一时期被称为"夸克时期"。此时，宇宙由夸克、胶子等离子体组成。夸克是构成物质的基本单元，从最小的尺度上看，夸克就是物质的基础。胶子则是传递强核作用力的粒子，它就像胶水一样，将夸克黏合在一起。

第 10^{-6} 秒，宇宙终于冷却到了合适的温度，夸克和胶子得以结合在一起，进入"强子时期"。此时，夸克聚合成为强子，也就是质子和中子。此外还发生了一件现代科学认为本不该发生的事情，那就是强子与反强子的成对产生，而反强子是强子的反粒子。

当粒子与反粒子接触时，两者会相互湮灭。但在"强子时期"，却同时产生了等量的粒子和反粒子。在这样的情况下，宇宙本不应存在，因为物质与反物质的相互作用应当导致两者的抵消，而非一方战胜另一方。然而现在你正在这里，读着这些文字，这说明了一个尚未厘清的问题，那就是物质打败了反物质。

对此最为贴切的解释是，这种不平衡的产生是由于宇宙的逐渐冷却。这样一来，当宇宙进化的每个时期结束时，都会有一小部分的夸克、强子和其他粒子从湮灭中存留下来，因为此时已没有反粒子与之碰撞。大爆炸发生一秒后，"强子时期"结束了。在对于我们来说如此短暂的一秒内，宇宙发生了极为深远的变化。它从一个比原子还小的点，扩张成了以光年为计的巨物。据计算，宇宙在一秒内膨胀到了 20 光年的大小，这相当于从太阳到半人马比邻星距离的 5 倍左右。

大爆炸发生后第一秒到第十秒是"轻子时期"。之所以叫这个名字，是因为这时的宇宙大部分由轻子构成。轻子是不参与强核作用力的粒子，如电子和中微子。在这段时期，等量的轻子与反轻子产生了，同时宇宙也在继续冷却。到第十秒时，只有很少量的轻子残余下来，宇宙进入了"光子时期"，因为光子控制了宇宙的大部分能量。

很难想象宇宙处于这样一个仅由核子、电子和光子组成的时刻。这时的温度仍然居高不下，不能促成核子和电子的结合。但在第十秒时，宇宙也迎来了另一个重要时刻，且仅持续到大爆炸后 20 分钟。19 分 50 秒，宇宙诞生的所有元素都被创造出来了，这一过程的官方名称为"原初核合成"。

天文学中常常说到"金属"，但它并非指的是我们日常熟悉的金属，而是指锂以及所有未在大爆炸时创造出来的元素。因为宇宙中氢和氦占了绝大多数，而宇宙早期仅孕育了氢、氦和锂。这与宇宙的冷却息息相关。在第十秒时，温度已经降得足够低了，氘得以留存下来。而氘是氢的同位素，也可以说是氢的另一种形态。

同一种化学元素均是由同等数量的质子和不同数量的中子组成，因此，所有具有单个质子的组合都是氢的同位素。氕仅由一个质子构成，是最简单的氢同位素；而氘是由一个质子和一个中子组成，符号为 ^2H；此外还有氚，符号为 ^3H，有一个质子和两个中子，是最不稳定的氢同位素。

大爆炸发生 10 秒后，宇宙已冷却到足以让氘聚合在一起。但与此同时，其温度仍然很高，能够引发大量核反应。可以说，这时的宇宙就仿佛一个巨大的核反应堆，每个地方都在产生元素。在开始创造元素之前，质子与中子的比例为 6：1，但在 20 分钟之后，该比例变为了 7：1。

自由中子是不稳定的。若在 880 秒以内，也就是 14

分钟左右，自由中子未能与另一个粒子相结合，则会发生衰变，成为一个质子。在这 19 分 50 秒中，多种元素以同位素的形式诞生，如氕、氘、氦 −3、氦 −4，以及不稳定的铍 −7 和锂 −7。大多数幸存的中子都被束缚在了氦 −4 中，即由两个质子和两个中子组成的氦同位素。为什么不是其他的氦同位素？因为氦 −4 的核结合能最高，是很难被摧毁的。在这 20 分钟里形成的最重的元素，也就是质子数最多的元素是锂。其他元素还需要等上百万年才能产生，因为宇宙必须继续演化。

"光子时期"过后，宇宙将在 37.9 万岁时降温至 4000 开尔文，即 3726 ℃，并迎来下一个与现代天文学息息相关的重要历史阶段——"复合时期"。

在"复合时期"，电子与质子开始结合形成中性原子。在此之前，宇宙中暗淡无光。光子在撞上电子之前只能行进很短的距离。但随着电子和质子的融合，光子便可以在更广阔的空间中移动了。

渐渐地，宇宙开始变得越来越清澈透明。人类发现的关于宇宙形成的最早证据即可以追溯到"复合时期"。实际上，你我周围均留下了这一阶段的痕迹，只是用肉眼是看不见的。我们需要借助微波频谱，才能看到宇宙最古老的光——微波背景辐射。

这道光向我们展示了大爆炸后 37.9 万年宇宙的模样，当时它的直径为 8400 万光年。这条辐射线的温度是非常低的，仅比绝对零度高一点点，后者是宇宙最低温的极限。但通过观察宇宙背景辐射，我们发现有一处区域的温度比周围更低，这一区域被称作"大冷斑"，我们将在后面的章节详细阐释这一情况及可能产生的原因。

现在，让我们继续跟随宇宙进化的脚步。大爆炸发生后 38 万年，发生了一件看似有些矛盾的事情：宇宙进入了"黑暗时期"，也就是从"复合时期"到第一批恒星及星系诞生之前的这段时期。尚不清楚第一颗恒星是何时形成的，但可能是在大爆炸后 1.5 亿年，所以在这个阶段，宇宙中还没有任何光亮。

背景辐射在 50 万年后变成了人类肉眼不可见的红外线。从这个角度来讲，一名将宇宙诞生到演变全部记录下来的宇宙抄写员，仿佛坐了一次最惊险的过山车。因为在最初的 20 分钟里，他勉强才能记下所发生的一切，但在接下来的百万年间，又没有发生太多值得记录的事情。所以，也可以说宇宙诞生之初的 1.5 亿年全部浓缩在这 20 分钟里。

大爆炸发生 1.5 亿年后，宇宙终于开始向我们现在熟悉的样子转变，第一批恒星和星系产生了。最早的恒星长什么样？理论上讲，它们比太阳还要大，但寿命却短得多。此外，它们应该仅仅是由大爆炸后产生的元素构成的，其中主要是氢元素。

在天文学中，我们通过构成恒星元素的不同比例来区分不同的星族。所有星族中最主要的元素都是氢，这也是宇宙中含量最多的元素。然而，近百万年来最新形成的年轻恒星却富有金属，比如太阳就是一个富有金属元素的例子。太阳属于"星族Ⅰ"，"星族Ⅱ"则包含更老且金属含量更低的恒星。

如果继续向更早期追溯，应当会找到一批恒星，仅由大爆炸后产生的元素构成，其余的元素在恒星内部形成，或通过残骸碰撞而成。它们是宇宙最早的恒星，被称为"星族Ⅲ"。但迄今为止，尚未观测到任何符合条件的星族Ⅲ恒星。

对宇宙形成初期的研究有助于揭示其演变进化的过

程。但由于我们距离首批形成的恒星和星系太过遥远，所以相关研究也是十分复杂的。但每当我们愈向更深处探寻，就越接近宇宙的过去。借助哈勃望远镜，人们可以观测到一些非常遥远的星系，看到它们与我们周围宇宙的不同之处。GN-z11 是迄今为止人类发现的最远的星系，在大爆炸后仅 4 亿年就已经形成。

也是在这段时期，由于首批恒星的辐射，中性氢原子重新开始电离，再次失去了自己的电子。尽管如此，这时的宇宙并没有回到昏暗无光的状态，因为宇宙的膨胀使得物质相隔遥远，电子和光子间的相互作用愈发罕见，它们能够在越来越广阔的天地间移动了。第一代星系团可能是在宇宙诞生 10 亿年后形成的，50 亿年后才出现了首批超星系团。

所有这些都证明了宇宙的过去和现在是紧密联结的。如果没有首代恒星，我们的太阳也不会是今天这个样子。也正是在那些恒星的内部，诞生了宇宙最常见的部分元素，如碳和氧原子，它们都是生命赖以生存的元素。

铁、金和银来自数十亿年前因爆炸死亡的恒星。在照亮宇宙百万年后，恒星内部积累的元素散落四方，成为构成未来恒星和行星的物质。从这个角度可以说，要形成太阳这样的恒星或地球这样的行星，必须先要有众多其他恒星的铺垫。仿佛生命的循环。

恒星在产生时逐渐积累物质，并根据其质量，在一段时间内发光发亮。最终，部分物质会重新抛射回太空，形成下一代天体。所以，我们其实是由数十亿年前的恒星残骸组成。而构成太阳系的元素，也将会在未来促成其他恒星的诞生。

在接下来的数十亿年间，不仅恒星会继续形成和演化，新的星系也会持续产生。最新发现的证据表明，时至今日，在宇宙的某些角落可能仍在诞生新的星系。

你是否好奇银河系的年龄呢？实际上，研究者的说法不一。一般认为银河系的年纪大约为 100 亿年，但也有研究者认为它更老，大约有 130 亿年。之所以得出这样的结论，是因为科学家们发现了一颗几乎和宇宙一样古老的恒星，即"HD 140283"，也被称为"玛土撒拉星"。它并不是唯一的例子，在银河系的中心还发现了一些同样年老的恒星，这都说明银河系可能在宇宙大爆炸之后不久就存在了。

　　　　　　　　　　　　　　　宇宙哪来的

此时不妨换一个视角。我们知道宇宙有起点，那它是否有终点呢？这个问题可能会让人感到沮丧，但就如同那些星星一样，在人类的一生中看似一动不动，但它们也有生死。宇宙的未来是什么？在接下来的数十亿年中，宇宙的抄写员又会记录下怎样的文字？针对这个问题，只有一些猜测。宇宙的结局就隐藏在那些难以回答的问题中，而我们对它的了解还很浅。人类仍需继续探寻答案，但一般认为可能会出现以下几种情况。

第一种情况是"宇宙热寂"。这一场景是最容易想象的，因为宇宙在诞生伊始便一直在膨胀，且速度一直在加快。没有迹象表明它会停止，所以可以假设宇宙会无限扩张下去。但是，有一样东西不是用之不竭的，那就是恒星的燃料。

几万亿年内的某一刻，氢的含量将不足以形成新的恒星。在人类无法想象的时间尺度上，有一天，将不会再有新的恒星产生。逐渐地，宇宙将变得黯淡，只剩黑暗和寒冷，不能再促生新的星体。不存在永恒不变的天体，连黑洞都有生命的尽头。也许在数百亿甚至数万亿年后，当黑洞再无物质可吸收，它将会蒸发，并将自身的能量辐射至宇宙。

第二种情况是"宇宙大撕裂"。该假说认为，数百亿年后，宇宙的加速膨胀会导致星系、恒星甚至原子的撕裂。从某种程度来说，是宇宙自己摧毁了自己。为了证实这一假说，我们需要加深对"暗能量"的了解，因为正是它导致了宇宙的加速膨胀。

第三种情况是"宇宙大挤压"。它包含了多种可能性。该假说的前提十分简单，在未来的某一刻，宇宙会停止扩张，并将开始向自身内部坍缩。慢慢地，星系间的距离将会越来越小，直到有一天，宇宙压缩成了一个点，就像大爆炸发生时一样。但针对接下来将会发生什么，不同假说提出了不同的观点。有的认为，宇宙会维持在这一状态，但也有的认为，这将会引发新的大爆炸。其中后者的观点更引人关注，因为它提出宇宙可能会经历永恒无限的生死轮回。

第四种情况是"伪真空"。这可能是最复杂的一种情况，认为宇宙真空可能并未处于最低能量状态，而是处于比最低值还要高一点的状态中。而真空本应是能量最低的状态，所以我们称宇宙处于高能量状态的情况为"伪真空"。那么，如果有一天发生了能量变化，宇宙开始向"真真空"，也就是能量更低的状态跌落，将会产生极为深刻的改变，我们如今所熟知的宇宙将不复存在。

但是，就算宇宙处于比其能量最低值更高一点的状态，由于一种势垒的阻止，能量的减少也并非易事。而且就算这种情况真的发生，那也是数亿年之后的事了，因此无需担心。

总的来说，最被接受的理论是"宇宙热寂"。宇宙可能会通过自己的方式走向消亡，这件事可能会令人失望，但它也在提醒我们，世间万物都处在不断的变化之中。就连宇宙也是在最大的尺度上不断演变和成长。此外，我们仍在继续了解宇宙，其中还有许多的未解之谜，所以还需要更多知识才能确切地解答宇宙的最终命运。

倘若"宇宙热寂"理论是正确的，那么可以说我们十分幸运，正处在宇宙的年轻阶段。因为在 1 万亿年后，人类将很难判断宇宙是否有起点，又是否有终结，因为宇宙的膨胀将使得人们无法探测到微波背景辐射。

我们非常幸运，也非常荣幸，能够看到一片充满年轻和年老星星的苍穹，它们中的有一些比太阳更大，另一些比太阳更小。也可以看到大量星系正在离我们远去，终有一天，会抵达更远的地方，我们也将再也无法触及它的光芒。从某种程度上说，我们正处在宇宙最好的时刻。

　　而我们之所以可以在这里提出这样或那样的问题，是因为在数十亿年前，在可观测宇宙的一隅，发生了一件迷人的事情。生命诞生了……

宇宙哪来的

第四章
原子的觉醒

地球上的生命是如何产生的？在这个简单的问题背后，隐藏着现代科学的未解之谜之一。我们甚至无法确切地知道，最初的生命形式是在何时出现的。如果追溯太阳系的起源，会发现一件有趣的事。地球上最古老的石头有大概 38 亿年，而通过"阿波罗计划"从月球上取回的岩石样本则有大概 38 亿年到 41 亿年。这并不是巧合。月球表面上遍布美丽的环形山和月海，它们并不仅仅是地球夜空中的美妙景色，更向我们讲述了一个发生在银河系这一小小角落形成后不久的故事。

那就是"后期重轰炸期"。此时，太阳系的内行星（水星、金星、地球和火星）承受了大量的撞击。月球上的大部分陨石坑都是在这时形成的。这是一段非常暴烈的时期。

但这一过程并非全无益处。地球诞生后，温度很高，不适宜地表液态水的储存。那时的地球上，水可能会被蒸发掉。然而，现在的地球却拥有面积辽阔的海洋，这是如何形成的？又是怎么留存至今的？有人曾提出假说，认为正是在"后期重轰炸期"，许多富含挥发性元素（如水）的彗星撞击地球，带来了有机化合物，以及地球上所有生物赖以生存的水。

正因如此，几百万年前的地球原始海洋中，孕育了第一个生命的简单形式。甚至可能在大量陨石撞击地球的过程中，生命就已经诞生了，也或许在"后期重轰炸期"一结束，就产生了生命。换句话说，只要一满足天文学上的条件，地球上的生命就出现了。月球上的陨石坑表明这一时期确实存在，但地球上却没留下任何痕迹。这是因为百万年来的地震和火山爆发，抚平了那些陈迹，带来了新的样貌。

但我们并不知道最初的生命形式是如何出现的。我们也无法去了解是什么导致大量有机化合物突然开始繁殖。科学家为此展开了不同的实验，并提出多种假说。其中，最著名的为"米勒－尤列实验"。科学家斯坦利·米勒和哈罗德·尤列曾希望证明生命起源于无机物。他们模拟了地球诞生后的原始环境，希望论证生命的起

　　　　　　　　　　　　宇宙哪来的

源是化学反应的结果。

相关推理是合理的。如果生命源于化学反应，那么应当可以将所有的元素集合在一起，在实验室中重复这一过程。米勒和尤列使用了氨、氢、水和甲烷，将其密封在一个装了一半水的小细口瓶中，并与另一个大细口瓶相连。接着，加热小瓶中的水，水蒸气会随着玻璃管道进入大瓶中。同时，两个电极在大瓶里不断产生火花，模拟大气中的闪电。大气冷却后，将会积聚在容器底部。第二天，瓶内液体变成了粉红色。

随后，两位科学家分析了容器中液体的氨基酸含量。众所周知，氨基酸对生命至关重要。最初，他们仅在实验中发现了 5 种氨基酸，但生命中天然存在 20 种氨基酸。这一结果看似不容乐观，但这是 1952 年完成的实验，当时的技术并不像今天这样先进。2008 年，经过几十年的优化和完善，科学家重新分析了"米勒－尤列实验"的原始样本，发现并非只有 5 种氨基酸，而是有 20 多种。

后来的研究还表明，实验中模拟的大气成分可能与地球的真实情况略有不同，并非为当时地球条件的精确复刻。因此，生命也有可能是自然产生的。同时借助化学反应，不知如何，将近 40 亿年前，地球上的一个原子醒来，开始了生命的奇妙冒险。

但"生物自生说"并不是唯一的可能性。另一种受众面广泛的假说是"泛种论"，它有两个版本。其一是"传统泛种论"，提出生命是从外太空降临到地球的，认为宇宙中普遍存在微观生命，小行星、彗星、流星体和作为行星形成基础的微型行星将其传播到星系的各个角落。其二是我个人觉得很有趣的版本——"温和泛种论"。它与前者基本类似，但它认为，从外太空来的不是微观生命，而是生命的基本组成部分，也是构成微生物的基础元素。也就是说，这些成分在太空中形成，融入星云，有一天，恒星将从中诞生。

这一理论并非天马行空。1969 年，陨石"默奇森"降落于澳大利亚维多利亚州。科学家对其进行了多年的研究，发现它由 70 种氨基酸组成，其中很多都存在于生命中。因此，"泛种论"很可能有一定的可行性。但我们仍然很难确定哪一个才是正确答案。也许在其他星球发现生命之前，我们都无法接近这个谜底。

此外，还有一个你可能没有想过的问题。地球上到底出现了几次生命？目前的假想认为，地球上所有的生命都来源于同一个祖先，这并非说明原始生命只有单一的一种形式。也许，地球在数亿年甚至更久的时间内都有生物存在的适宜条件，所以，很可能是最适应地球条件的那个生命存活了下来。

所有这一切都说明，想要弄清楚生命在我们的星球上如何诞生是很难的。尚不知道任何其他还有人居住的星球。但……是否一直如此呢？地球是太阳系中唯一一个有生命的星球吗？现在看来，是的，至少地球是唯一一个有复杂生命体的星球。然而，针对过往的历史来说，答案并非如此清晰。比如金星和火星就并不一直是我们现在所熟知的样子。

金星是与地球最相像的行星，大小相当、质量相近。科学家推测，金星上可能存在过液态水。也许是在 20 亿年前，当金星还未开始这场持续至今的、强烈的温室效应时。在那段遥远的时期，时间非常充裕，反观地球就可以知道，生命可能有很多次机会在金星上得到孕育。此前已经讲到，只要满足条件，地球上就出现了生命。

所以对于金星和火星来说，可能也发生了同样的情况。

很难想象金星上的生命是什么样子。如果它们真的在表面存在过，也早已不复存在了。在地表之下，可能还存在一些化石，我们只能派一艘飞船去实地考察才能得知，但金星目前的情况并不适宜探索。现在的金星是一个干燥且贫瘠的炼狱，温度极高，连铅都可以融化。但即便如此，简单的生物也有可能以某种方式存活于地表之下，那里的条件会稍微好一点。

近些年，科学家还提出了一种可能，那就是金星浓密的大气层中可能存在有机体。这个想法来源于地球，因为在地表上方数千米处的大气层中，已检测到了漂浮的微生物。所以这一情况并非凭空杜撰。

同样，在很久很久以前，火星上可能也存在过液态水。从太空中，我们可以看到这颗星球上可能曾被海洋覆盖的证据。可能还有过河流和水域，比如盖尔陨石坑就坐落在一片古湖床上。因此，至少从理论上讲，火星曾具备过地表有生命存在的必要条件。

还有一种说法，乍一听会让人觉得异想天开。当小行星或彗星与我们的星球相撞时，一些地球的碎片飞向了火星，部分微生物也因此去到了那里。然而，经过对火星几十年来的探测，并未发现这颗红色星球上有过任何生命的迹象。没有化石，也没有任何形式的生命。

但我们的探索仍处于比较早期的阶段。因为想要寻找过去生命存在的证据，不能只通过从太空中拍摄的照片，而是应当挖开地表仔细研究。通过向火星发射"漫游者"探测器，人类迈出了第一步，但这些探测器的挖掘能力仍然十分有限。

火星上的生命可能是什么样子的？这是一个复杂的问题。据推断，火星上有水的时间比金星更短。如今，这颗红色的星球是一个荒芜且寒冷的不毛之地。它的大气层比地球更加稀薄，也没有磁场的保护，不能使其免受太阳风和紫外线辐射的侵袭。因此，火星现在的条件并不适合任何生命形式在其表面生存。但在地表以下，一切可能都会不一样。也许正是通过向地下的迁移，那些最早出现在火星上的有机体才得以生存演化下去。

现如今的火星上有生命吗？表面上看起来没有。至少没有复杂的生命形式，但说不定存在某种微生物。不过最适宜发展生命的地方肯定还是在地表之下。

在其他的星球上找寻生命并不只是为了满足好奇心或获取知识，更是为了让我们更好地理解自己是谁。我们如何能够生长于此，问着关于起源的问题？地球本身就是一个迷人的星球，但当我们想要探寻一些问题，需要更多变量数据时，它就是一个相对有限的舞台了。如果有更多星球上有生命，那么就更容易确定什么是生命出现的先决条件。因此，在太阳系中开展相关研究是有意义的。

这样做有几个原因。最主要的是，人类当前的科学技术足以支持对太阳系行星的探索。此外，在同一系统中找到两个有生命迹象的星球，很可能说明银河系中还存在很多生命。

这又让我们想到另一种近年来时兴的说法：一颗行星必须处于恒星的宜居带，且表面有液态水，才能孕育生命吗？如果以地球为例，答案是明确的。但我们也可以从另一个角度问这个问题：地球得以诞生生命，需要什么因素？可以简单总结为三种：生命之本（水）、能量之源（光和太阳）和保护者（大气层，可以保护星球表面和生命免受辐射的伤害）。

宇宙哪来的

在太阳系中，是否还有其他地方满足以上条件？答案是肯定的，而且它们并不在宜居带内。许多科学家认为，有两颗卫星可能能孕育生命，且它们与地球和火星没有任何关系。

其中，"恩克拉多斯"（土卫二）是最具潜力的。它是土星的一颗小卫星，表面被冰覆盖。它没有大气层，距离太阳非常遥远，无法接收充足的能量。但它离土星很近，在与这颗气态巨行星之间进行引力相互作用时，其表面形成了扭曲的地形构造，这一过程又释放了能量，因此在土卫二的冰层下，可能存在液态水的海洋。

2017 年，"卡西尼号"土星探测器对土卫二的热液活动进行了探测，结果让人们思绪万千。热水与岩石反应，产生分子氢，可以构成土卫二上生命形式的能量之源。而其表面的冰层又可以充当保护者的角色，用来抵抗辐射。因此，土卫二具备了以上三种必要条件，很可能在海洋中孕育出生命。而且，科学家认为地球上最早的生命形式可能正是诞生于海底深处的热液喷口附近。

在这样的环境中生存的陆生微生物有非常简单的代谢过程。它们将二氧化碳与氢结合形成甲烷，即所谓的

"产甲烷作用"。在土卫二上，"卡西尼号"探测到了分子氢和二氧化碳，这表明这颗卫星上可能发生了"产甲烷作用"。但除此之外，还发现了比地球海洋中更多的分子氢。

为什么地球上分子氢的数量更少？因为它是热液喷口周围微生物的食物来源。因此，土卫二上丰富的分子氢可能表明尚未有生物以其为食。但尽管如此，至少对于某些简单的生物而言，土卫二仍然具备适宜居住的条件。

木星的卫星"欧罗巴"（木卫二）也有类似的情况。虽尚未探测到热液活动，但它与土卫二有很多相似之处。所以可以顺理成章地推断，木卫二上也有适宜的条件，在其冰层之下的海洋深处，可能也会有生命诞生。

但现在，让我们思考一个普遍认知之外的事情。地球有一个特别之处，那就是水循环。在地球上，海洋中的水蒸发后，凝结成云，降落成雨，流入河流、湖泊和地下蓄水层，最终回到海洋。而在太阳系中，还有一个星球具有循环系统，那就是土星最大的卫星"泰坦"（土卫六）。

与地球水循环唯一的不同点在于，土卫六是甲烷循环。除此之外，其他环节都是完全一致的。土卫六上有甲烷雨，也有河流和湖泊。但是其温度比地球更低，平均温度只有 -179 ℃。这足以说明，生命几乎无法在如此寒冷的地方生存。然而，还是有一些值得关注的地方。

首先，土卫六的大气层中有云层存在，浓度很高，完全遮盖了表面地貌，其中含有氮气、甲烷和有机化合物。这里具有很大的未知数。我们知道，当太阳光破坏甲烷，会产生有机化合物。因此，就像地球一样，土卫六应会通过某种方式，以同样的速度持续供应甲烷，否则的话，我们就无法在大气中探测到相关成分。

地球大气中的甲烷由生存于大气中的生命产生。那么土卫六中的甲烷是否也有可能来源于生物呢？事实上，这些甲烷可能正是来自其地表或地下的甲烷海洋。就算事实并非如此，有一件事是毫无疑问的，那就是土卫六上就算有生命，形态也是与地球上的完全不同的。

地球上的生命依赖于水，它更强大，但也更容易产生化学反应。也就是说，相比以土卫六上某碳氢化合物为基础的有机分子，以水为基础的有机分子更容易被分解。所以，这可能是生活在土卫六的一个有益之处。土卫六上的生命会吸入氢气而非氧气，通过乙炔取代葡萄糖进行代谢，呼出的不是二氧化碳，而是甲烷。

根据以上所有猜想可以推断，如果土卫六上有生命，我们应该能够观测到它们留下的种种迹象。比如，其大气的氢和乙炔含量应不多。2010年，科学家测得土卫六大气层高处含有丰富的氢，但地表含量较少，且在地表处发现了少量乙炔，表明可能发生了生物作用。但是，这些数据也可能存在错误，或者有某种物质充当了氢气和乙炔之间的催化剂，所以我们尚且无法确定土卫六上是否进化出了任何形式的生命。

这个结论又让我们想到本章开头提到的那个难题：只有通过探索，才能知道太阳系中是否还有其他地方存在生命。现阶段，人类还没有任何计划到访土卫六，并再次对它展开探测。但不管怎样，存在与人类不同的生命形式，这种可能性本就有魅力，它会让我们明白，生命还可以通过不同的方式得到孕育。但目前，我们能做的只有畅想。

至此，我们已经讨论了过去，了解到金星和火星上可能存在过生命；也探讨了现在，知道了在这两颗行星的地表之下，或木卫二、土卫二和土卫六上也可能进化出生命。但是……未来呢？

数十亿年之间，太阳将继续演化，直到进入晚年。大约45亿年后，它将成为一颗红巨星，体积大大膨胀，甚至可能到达地球轨道。它会耗尽其在形成过程中积累的全部的氢元素。

到那时，太阳系的宜居带将远远向外推移，岩石星球将不再适宜生命的生存，木星、土星，甚至更遥远的冥王星才是更适当的位置。在太阳末期的几百万年间，土卫六会具有合适的条件，利用液态水的生命得以在此进化发展。

土卫二和木卫二也会具备类似的情况。也许对于这些遥远的星球来说，它们的时代还尚未到来。然而，由于太阳的演化，这些星球没有充足的时间进化出智慧生灵。但如果人类的后代还活着，他们将有机会通过我们无法想象的方式，看到那时的太阳系是什么样子。在海王星轨道之外，还存在很多富含冰的矮行星和冰天体。

当太阳变成了红巨星，在很短的时间内，宜居带将达到冥王星轨道附近位置。仅几百万年（从宇宙尺度上来讲很短），这颗如此遥远的矮行星将具备孕育生命的条件。

从这个角度，我们便可以提出这样的问题：生命是否是地球独有的呢？也许在过去，太阳系中曾有很多宜居的地方；也许在未来，当地球生命已经成为遥远的记忆，会在别的星球上出现其他生物体；也许在某些行星系统中的多个星球上，已有生命存在。但以人类目前的技术，这个问题还无法得到妥善的回答，现在还不可以。我们离揭开谜底越来越近，但仍需耐心等待。

只有探访和探索那些有潜力的星球，才能找到太阳系中的其他生命形式。不要沮丧，因为人类生来就是探险家。几个世纪以来，人们总在不断找寻那些从未有人涉足过的地方，探究那些没人到访的区域，比如其他的大陆、南极、月球……

宇宙在召唤。人类的祖先在几千年前就开始了对宇宙的探索，是否要跟随他们的脚步，选择权在我们手中。我们是银河系唯一的智慧生灵吗？或者我们是否仅是银河系中众多的生物和文明之一呢？如果想要回答那些人类自古以来就在不断探讨的问题，我们就应当继续前进。

第五章
智慧文明的孤独

　　很难说我们在宇宙的巨大齿轮和微妙平衡中处于怎样的位置。我们是独一无二的吗？智慧生命是罕见的吗？还是说不同的文明其实到处都是，等待着我们去发现，共同加入星际文明的大家庭呢？目前为止，不管我们在哪里寻找，能找到的只有希望。在远离太阳的地方，可能存在一些星球，具备适宜进化生命的条件。但我们没有发现任何相关的迹象。

　　这能得出什么结论呢？唯一能够确定的是，生活在一个普通星系中的一隅是一个很好的证明，正如美国演员杰夫·高布伦在1993年的《侏罗纪公园》中所说：生命会找到自己的出路。人类由宇宙中最丰富的几种元素组成：氢、氧、氮、碳、磷和钙。在宇宙的其他地方，也发现了它们的存在。

　　这些是生命最基本的元素，充斥着宇宙的各个角落。所以，如果别的地方还存在另一种形式的生命，也是合情合理的。甚至还有一些可能是具有智慧的，因为宇宙中有 2000 亿个星系，每个星系中又有数十亿颗恒星，若只有银河系内部有一颗有生命居住的行星，似乎是不太可能的。

但令人失望的是，目前人们尚未找到其他地方有生命迹象的证据。我们可以怀疑，可以尽情幻想，但没有证据。所以，不管这个结论再怎么难以置信，地球可能真的是可观测宇宙中唯一一个有生命存在的星球。

我们该如何理解这一矛盾？为什么人类是由宇宙中最常见的元素组成，但却是唯一的生命体呢？几十年以来，科学家不断探讨这一问题，也给出了一些不同的答案。

让我们先从乐观的角度谈起。这些元素的普遍性表明，在其他星球孕育生命的可能性是很大的。在其他星系如此，在我们的银河系中也是一样。所以，银河系里可能产生多少种文明呢？

1961 年，美国天体物理学家法兰克·德雷克曾尝试用概率来解决这一问题，提出了著名的"德雷克公式"，但他并非希望得出一个明确的答案。首先我们需要了解公式各项的值，其中有一些甚至到今天都无法推断出确切的数值。

"德雷克公式"为：$N = R^* \cdot f_p \cdot n_e \cdot f_l \cdot f_i \cdot f_c \cdot L$。别被这些符号吓住了，它们是这个意思：银河系内可能存在的文明数量（N）= 恒星形成的平均速率（R^*）× 恒星有行星的比例（f_p）× 每个行星系中有适宜生命居住的行星数目（n_e）× 确实有生命进化的可居住行星比例（f_l）× 演化出高智生物的行星概率（f_i）× 高智生物能够发出可接收通信信号的概率（f_c）× 高智生物在宇宙中发出通信信号的时长（L）。其中，前三个值是可知的。

首先，我想回顾一下法兰克·德雷克的原始计算。如果你忘记了公式的各个变量代表什么，记得再查看一下上文。保守估计银河系每年形成一个恒星，故 $R^*=1$。

假设银河系所有恒星里有 20%～50% 拥有行星，那么 $f_p=0.2～0.5$。在这些恒星中，又有 1～5 颗行星可能具备适宜生命生存的条件，故 $n_e=1～5$。法兰克·德雷克认为，这些具备条件的行星 100% 能够进化出生命，所以 $f_l=1$。

他还认为，这些行星在未来 100% 可以演化出高智生物，因而 f_i=1。这些高智生物有 10%~20% 的概率可以向太空发出通信信号，所以 f_c=0.1~0.2。

最后，他假设这些生物发射通信信号的时间从 1000 年到 1 亿年不等，因此 L=1000 至 100 000 000。

如果用法兰克·德雷克预估的最低值来计算，结果为 N=20。也就是说，银河系中可能有 20 个文明。如果用最高值来计算，可得 N=50 000 000。在 1961 年的一次会议上，法兰克·德雷克表示 N 的值大致与 L 是相等的。

距德雷克首次提出公式已经过去了 50 多年，在那时，人们尚不知有多少恒星周围有行星围绕，但今天我们对此有了新的认知。银河系每年形成恒星的速率比当时预估的更高，大概在每年 1.5~3 个恒星。

此外，基本上银河系中的每一个恒星周围都有一颗行星。通过开普勒望远镜，我们也得到了一些最新的预估数据，大概有 110 亿颗与地球大小相当的行星，均位于某颗类日恒星的宜居带中。

现在 R*，f_p 和 n_e 有了更精确的值，但仍有四个变量只能依靠猜想。我们只知道地球上有生命，但还不知道有多少个星球上也是如此。这个数字可能很大，因为在地球上，一旦条件满足，就立刻出现了生命。而计算有多少行星上有智慧生命也是十分复杂的，如果以地球为例，可以推断这是不可避免的，只是时间问题。也就是说，只要演化持续下去，早晚都会出现高智生灵。

但也可以从另一个角度来看待这个问题，为什么在地球上数以百万计的物种里，只有一种是具有智慧的呢？（这里的智慧是指发展出科学技术的意思。）对于高智生物能够发出可接收通信信号的可能性也是如此，因为高智生物无需刻意发出信号，人类也仅仅有意向太空中发布了少量讯息。但是，如果人类科技能够产生可以被离得很近的文明轻松捕获的信号，那么可以说，这几十年来，我们一直在向外界传播消息。

最后，关于高智生物在宇宙中发出通信信号的时长，这个问题也是十分复杂的。假设一段文明可以延续几个世纪或几千年，又或者当它达到了某种程度，就可以成为不朽的存在，那么此时，它将无限期地向宇宙发出信号。

使用不同数据，会得出截然不同的结果。如果按照最保守的计算方式，结果为 N=1。这说明我们不仅可能是银河系中独一无二的文明，更有可能是整个可观测宇宙中的唯一一个。如果用最大胆的计算方式，可以得出，仅仅在银河系就可能有数千万个文明。

结果差异如此之大是正常的，这是"德雷克公式"的一个缺陷，但该公式并非试图得出精确的数字，至少目前为止还做不到，因为我们仍然缺少信息，还需继续收集。如果我们找到其他有生物居住的星球……如果它们真的存在，到那时，一切都将发生变化。

如果我们仔细思考这一公式和各参数的最大值，脑海中会立刻浮现一个问题：其他人都去哪儿了？一般来说，当谈到"德雷克公式"时，同样也会谈及"费米悖论"，这二者关系十分密切。不管是从宇宙中各元素的丰富程度来看，还是从该方程可能得出的值来说，即使是用最保守的数据，也会不禁让人猜想，银河系中应当充满了生命。但是却没有任何智慧文明的踪迹，在任何地方都找不到它们。

"费米悖论"得名于美籍意大利物理学家恩里克·费米，他提出这样一个问题：为什么我们至今都没有发现外星生命迹象？毕竟从整个银河系的规模来看，人类之前也出现过其他文明并不是天方夜谭。

哪怕它发展得很慢，穿过整个银河系也不过仅需几百万年，从宇宙的尺度来说，不过是瞬息之间。然而，没有任何证据表明曾有外星生物到访过地球。银河系中可能存在大量生命，但现在所呈现的现实却表明，人类很可能是孤独的。我们该如何解决这一矛盾？

针对这个问题，费米认为文明在发展的过程中可能遇到了一些阻碍，即所谓的"大过滤器"（值得一提的是，费米并非该理论的直接提出者，但他确实思考过这个问题）。在法兰克·德雷克设想的文明进化公式中，也许有一个环节是极为复杂和可能性极低的。哪一个？很难说。或许，就算银河系中有很多类地行星，但生命出现本身就是一个罕见且异乎寻常的事情。从这个角度讲，"大过滤器"可能就意味着生命的孕育。

但这并不是一个简单的想象力训练。了解"大过滤器"到底在哪里，也会让我们知道人类的未来将去向何方。如果它真的代表生命的诞生，那么人类已经跨越了这个阶段。也许这也不是它的所在，因为只要满足相关条件，地球上就出现了生命，而复杂生命体是在 35 亿年后才出现在地球上的，所以"大过滤器"可能是复杂生命的演化。

当然，也有可能是物种进化出智慧。但无论如何，事实上可能只有很少的星球越过了"大过滤器"，只有极少的物种发展出了科技并能进行通信。这样说可能会显得自私自利，但如果以上假设为实，那么对于人类来说是一个好消息，因为人类所面临的最大危险来自过去。

然而……如果并非如此呢？如果我们错了，"大过滤器"其实在我们的未来呢？也许发展出一个与我们水平相当的文明是很稀松平常的事，"大过滤器"正是避免其自身的灭绝。对此我们是十分了解的：冷战险些引发一场核冲突，给人类带来严重的后果，甚至造成人类的灭绝；而现在，我们又在面临气候变化或未来战争的挑战……

又或许，一个文明要想发展成为星际文明，拥有殖民其所在的行星系统内其他星球的能力，本就是一个非常漫长的过程，所以任何一种自然现象，如一次小行星的大撞击，都能在它们到达其他星球之前，就使它们走向灭绝。如果是这种情况，那么人类尚未通过"大过滤器"，仍处在危险之中。"大过滤器"代表不同内容将会产生不同结果。也许生命太过稀有，所以实际上最难的是生存，直到有一天能够去往其他的行星，再走向其他恒星所在的行星系统。

但是，也有可能并不存在什么悖论。也许人类的科技尚不够发达，还不能监测到其他文明发出的信号。或者生命其实无处不在，但星系旅行是复杂且昂贵的，所以很少有文明踏上探索的旅程。所以就算我们真的与其他文明相遇，能做的也只有通过信息和那些遥远的星球交流。

甚至还有一种可能，我们只是没有能力辨别外星生命发出的信号。但所有这些假设都有助于我们理解人类在宇宙当中的位置和角色。

此外还有一个问题：我们到底要寻找什么？银河系已经存在了数十亿年，在这么长的历史中，应当会存在比人类更原始也更先进的生命。

有多先进呢？苏联天体物理学家尼古拉·卡尔达肖夫曾于 1964 年提出一种宇宙文明分类方式，衡量一个文明技术的发展水平及能量的掌控程度。其中，"一级文明"

能够利用在其星球表面接收到的宿主恒星释放的能量；"二级文明"能够利用宿主恒星发出的所有能量；"三级文明"能够利用其所在星系中的所有能量。

该分类方式受到了很多人的重视，并增添了其他文明类型。如"零级文明"，即尚未达到一级文明的文明；"四级文明"，能够利用整个宇宙中所有能量的文明；"五级文明"，可以利用多个宇宙中不同能量的文明。

但除了"零级文明"之外，科学家很少提及其他新增的文明形式，因为它们不属于原始"卡尔达肖夫指数"。美国天文学家卡尔·萨根曾推算地球文明所处的阶段为0.7级。与"德雷克公式"一样，"卡尔达肖夫指数"也并非希望给出一个精确的答案，但它确实能够让人们想到一些有趣的问题。我们能探测到二级文明吗？美国数学物理学家弗里曼·戴森曾在1960年提出一个名为"戴森球"的构想。

"戴森球"为一个巨大的球体，能够将某一文明所处行星系中的宿主恒星包裹起来，收集该恒星发出的所有能量。人类现有的科技应该能够探测到类似物体的存在，但经过数次尝试，尚未找到任何相关的线索。

　　　　　　　　　　　　　　　　　　宇宙哪来的

但从我个人角度来讲，我并不热衷于"卡尔达肖夫指数"，因为我们还需要思考智慧生命本身。一方面，人类现在的能量消耗效率比几十年前更高。

另一方面，假设银河系中还存在其他文明，若他们不追求和平，那么可能根本不会去建造"戴森球"，因为这会向那些潜在的敌对文明暴露其位置所在，引来攻击。因此，对于一个比人类更先进的文明来说，他们首先考虑的并非索取或储存宿主恒星的能量，而是向更多恒星扩大势力，使其更难被察觉。

我这样说是因为，除了"卡尔达肖夫指数"之外，还有其他衡量文明发展水平的量表。如上文提到的天文学家卡尔·萨根就曾认为，无需关注文明所能掌控的能量，而需统计其拥有的信息量。他用字母表来分类，A 级代表 10^6 比特的信息，比任何人类文化产生的量都少。从 B 级开始，每一级的指数都会加 1，故 B 级信息量为 10^7 比特，C 级为 10^8 比特，以此类推，Z 级为 10^{31} 比特。根据这一量表，1973 年人类的文明程度应已达到 0.7H 级，拥有 10^{13} 比特的信息量。

美国航空航天工程师罗伯特·祖布林认为，可以以文明在太空中的扩张范围为基准分类，一级文明代表已遍布所居住的行星，二级文明说明已在其行星系统中有殖民地，三级文明即已殖民了整个星系。

英国理论物理学家约翰·D.巴罗也提出了一种分类假设，即随着自身的发展，一个文明是否能够操纵更微观的事物。负一级文明能够掌控同级别物质，如建设楼房；负二级文明能够操纵基因、进行移植；负三级文明可以操控分子和化学键，创造新的物质。一直到负六级文明，可以控制宇宙最基本的粒子，如夸克。还有负欧米加文明，能够操纵时空结构。

然而很多时候，对文明进行分类是没有意义的。因为我们可能根本无法想象一个比人类更先进的文明是什么样子。

以上所有假想能够促使人们持续思考，在银河系或宇宙的其他地方是否存在生命，以及我们希望找到的是什么。但这些思考和假设往往是没有任何可靠依据的，只有当我们真正找到了有生命居住的星球，这个现状才可能改变。

在这一方面，红矮星有着十分重要的作用。因为其寿命很长、元素丰富，可以成为判断生命在宇宙中大量存在或十分稀少的关键点。要知道，银河系中 75% 的恒星是红矮星。

了解红矮星是否拥有宜居行星，可以帮助我们推断宇宙中有多少生命。乍一看，这类恒星并不具备相关条件，因为它比太阳更暗，行星距离也更近，会导致潮汐锁定，即行星自转和绕恒星公转需要同样长的时间。这就是地球和月亮之间的关系，正因如此，我们总是只能看到月球的同一面。但月球是地球的卫星，所以这仅是一个普通的现象，不会对我们造成太大影响。

可对于行星来说情况就不同了，潮汐锁定可以决定其是否宜居。被潮汐锁定的星球将有一面永远是白昼，温度高达几百摄氏度，也将有一面永远是黑夜，温度为零下一二百摄氏度。因此，生命可能无法在红矮星附近的行星上生存。近年来，有许多人对此进行了深入的研究，认为生命的孕育取决于恒星的活跃度、行星的大小，以及是否能够吸附住大气。

许多红矮星是极为活跃的，经常爆发强烈的耀斑，给周边行星带来严重后果。因为它们离红矮星距离过近，所以将承受比太阳对地球更大的能量冲击。因此这些行星就算处于红矮星的宜居带内，也很难维持住大气。没有大气，就没有必要再说其他生命的必要条件了。

很多红矮星可能都有这样的情况，比如比邻星。可是，如果有行星能够留住大气呢？一切都会发生改变，但不一定会朝着好的方向变化。由于白昼一面气温高达几百摄氏度，黑夜一面又在零下上百摄氏度，可能只有很窄的一片交叉地带有适宜的温度。它在永恒的黄昏与黎明之间，只能照射到一部分恒星的光芒，保持着与地球相近的温度。

但这片交叉地带有可能会受到两面气流的冲击，遭受强烈的风暴，生存条件艰苦，不适合任何生命的发展。不过，如果满足相关要求，大气也能够为整个星球提供宜居条件，它的作用就仿佛一台大型空调，将过热的空气带至黑夜面，将过冷的空气送至白昼面。此时，这颗行星上将可能出现流动水和有利于生命进化的温度。这是一个非常有意思的现象。

虽然比邻星和TRAPPIST-1都是这样的红矮星，但并非所有的都会出现这些极端情况。如以"罗斯128"为代表的红矮星，偶尔发生耀斑活动，不会对周围行星和可能的生命形式造成太大危害，为它们提供了更温和的环境。这表明，现在讲红矮星周围是否真的宜居为时尚早。这将是未来几年天体生物学的重点研究领域之一，因为它将能够解答宇宙中到底有多少生命。

我们还可以进一步探讨这个问题。目前，太阳系仍是我们的家，在接下来至少 15 亿年内，地球仍然宜居，太阳系也将一直扮演这样的角色。此后，我们可以移民至系内其他星球。但当太阳死去，人类将需要寻找新的家园。如果红矮星能提供宜居的环境，那么人类新的目的地将会是一颗小恒星，我们将在那里生存数万亿年。尽管这个场景十分遥远且难以想象。

从更实际的角度考虑，红矮星周围行星的宜居性也是十分耐人寻味的。以 TRAPPIST-1 为例，它周围围绕着七颗行星，其中三颗有可能宜居。假设恒星为行星提供了适宜生命生存的条件（我们暂且忽略这一假设的正确性），那么生命可能不止存在于一颗星球上，而是多颗星球。然而这种生命有可能只是来源于某一行星，借助数十亿年来彗星和小行星的撞击，以单细胞生物的形式，从一颗行星来到另一颗行星。

如果文明在不同星球上发展，会是什么样子？它们之间如何联系？这值得思考，同时也引出了另一个不能忽视的问题：我们呢？我们发出的信息是否能被其他文明接收？还是说，我们不应再继续探求了？

第六章
谁聆听地球？

　　我们在宇宙中是孤独的吗？在银河系其他地方还有生命存在吗？这是人类面临的最重大的问题之一。在过去的几十年中，人们多次尝试寻找智慧生命的迹象。但总有一些棘手的问题，出现了很多阴谋论和伪科学的说法。多年来，许多人都曾提出不切实际的主张，如金字塔是外星人在4000多年前到访地球时建造的，或我们每天都和外星人生活在一起，等等。

　　我认为这些观点不切实际，并非是随口一说。如果真的发现宇宙其他地方有智慧生命，没有人会比我更兴奋。但就算这个想法再诱人，我们也应当遵循科学。要想得出超凡的结论，就必须有超凡的证据。

　　不幸的是，在这一领域有太多无视科学的人，他们认为金字塔不是人类建造的，却没有想到虽然我们的祖先技术有限，但他们不是傻瓜。纵观人类历史，可以找到很多体现人聪明才智的证明，所以金字塔的建造无需任何外星人的干预，就是利用当时的传统方法和技艺，这在有关吉萨地区的研究和流传至今的著作中都有所提及。

让我们大胆追问下去：在 4000 多年以前，外星智慧生命就能够断定地球上存在智慧的且相对先进的文明吗？这是个很有趣的问题，但请不要忘记宇宙的运作规律：距离越远，就越深入过去。距太阳 4.24 光年的比邻星是离我们最近的恒星，为半人马座三合星系统之一。但地外智慧文明在小于 50 光年的短距离中出现的概率很低。为什么？因为如果是这样的话，就会像"德雷克公式"推导的那样，银河系中将充满文明。

比如说，如果在 100 光年之外存在一个智慧文明，那么他们将会看到我们 100 年前的样子。以此类推，一个 1500 光年之外的文明，则会看到我们 1500 年前的样子。尽管对于直径长达 10 万光年的银河系来讲，这仅仅是一段很短的距离，但是这些文明其实没有明确的方式可以确定地球上是否存在智慧生灵。也许他们只能说地球上有复杂的生命形式，除此之外一无所知。即使在今天，从工业革命时期算起，地球大气被自然界中不存在

宇宙哪来的

的化合物污染的迹象也只有在 200 光年之内才能被看到。一个文明若想在银河系的 2000 亿颗恒星中随机选出一颗造访，以寻求潜在的智慧文明，能一下子选到我们的概率其实很低。

我们还可以继续思考下去，但所有的一切都表明，如果外星文明真的存在的话，不能期望他们来造访我们。主动找寻他们的痕迹才是更具吸引力的。

此时不得不提到"SETI 计划"（地外文明探索计划），它包含很多不同的项目和倡议。其中最著名的是 SETI 研究所，近些年，该所领导了一些相关行动。"SETI 计划"旨在探测来自地外智慧文明的传输信号，如一艘迷失在星际空间中的飞船发出的求救信号，或某一文明向太空中发出的信息，就像我们一样，企图探知他们在宇宙中是否是孤独的。因为相比看到外星飞船降落在地球上，接收到他们的信号会更加容易。

如果是这样的话，可以假设宇宙中存在其他文明，也在寻找从别的星球发出的智慧生命信号。那么谁在聆听地球呢？是否可能有地外文明能够捕捉到我们的信息呢？这就需要讲到"阿雷西博信息"，尽管人类尚未找到地外生命迹象，更不用说智慧生命了。

"阿雷西博信息"是 1974 年 11 月 16 日从位于波多黎各的阿雷西博射电望远镜发出的一条星际消息。它由频率为 1 或 0 的无线电波组成，向太空传播人类和地球的讯息。法兰克·德雷克、卡尔·萨根等同时代科学家领导设计了其中的概念和内容。

"阿雷西博信息"中包括如下内容：数字 1 到 10，构成 DNA 的氢、碳、氮、氧和磷的原子序数，DNA 结构中多种糖和碱基的化学结构式，DNA 中核苷酸的数量，DNA 的双螺旋结构图示，人类的平均身高及当年的全球人口数量，以及对太阳系行星和阿雷西博望远镜简单的图形描述。信息发射的目的地是"梅西叶 13"，即武仙座星团。这是一个球状星团，由许多古老的恒星组成，面积不大。它位于 2.2 万光年之外，拥有约 30 万颗恒星。"阿雷西博信息"将在 2.5 万年后到达这里。但我们为什么要选择这个星团呢？

事实上，发射"阿雷西博信息"并非期望与外星文明取得联系，其实更是为了展示人类的科技进步及望远镜技术的成就。2.5 万年后，这条信息还无法来到武仙座星团的中心，只能到达中心附近的位置。在如此遥远的未来，星团中可能会有一颗行星上发展出了智慧文明。尽管就目前的知识来看，球状星团内部可能不具备生命孕育的条件。

即使被某一智慧文明截获，我们也不知道他们是否能把它看作一条信息。因为其中不同的部分是由不同的编码构成的，破译难度很大。消息自发出到现在只过了40多年，只能到达这个距离附近的星星。这表明我们接收到回复的概率其实很小，因为如果明天我们就收到了答复，说明有外星文明在20多年前的1998年就得到了消息，并立即做出了回应。但尽管如此，还是有一些疑似对"阿雷西博信息"的回答。

其中最著名的是"奇尔波顿麦田圈"。正如其名，这条信息出现在一片麦田当中，与"阿雷西博信息"很像，但又有细微的不同。比如说，作为对人类样貌信息的回应，信息中描绘了一个大头外星人形象。虽然有人认为这就是外星文明对人类的回复，但实际上，仅需要粗浅的分析，就会发现这是不可能的。

一方面，在那段时间，麦田圈总是接二连三地在一夜之间出现在某一片耕地中；另一方面，麦田圈显示的外星人总是一个有巨大头部的人形生物，实在是太过于眼熟了。从过去几十年到 21 世纪初，电视剧、电影中的外星人基本都是这样的形象。

我们不知道外星智慧生物到底长什么样子，但如果他们和 20 世纪末娱乐电影中的形象一样，还是不太可能的。因此，这些麦田圈也没有什么特别之处，选择合适的位置，用特定的工具，依次将草或作物压平，就可以在一夜之间画出这些怪圈，表达你想要表达的内容。

但是，我们是否真的从未收到过任何来自外星的信息呢？虽然有"奇尔波顿麦田圈"的例子，还有外星人曾在 6000 年前来过地球的假设，但这些都不是超凡的结论，也没有超凡的证据作为支撑。而能够用超凡的证据去证明的是，我们尚且不能得出超凡的结论。这里要说的就是"Wow! 信号"。

1977 年，美国俄亥俄州立大学的"大耳朵"射电望远镜收到了一条高强度窄频无线电信号，而射电望远镜正是用来寻找外星生命迹象的设备之一。8 月 15 日夜间，天文学家杰瑞·艾曼在手动检查数据时，十分惊讶地发现了一个强信号，他将其用红笔圈出来，在旁边写下"Wow!"，"Wow! 信号"因此而得名。

这个信号持续了 72 秒。其中无线电的频率比一般宇宙噪声中的要高许多。这是由什么造成的？我们不知道。"大耳朵"射电望远镜配有两个接收器，只有一个捕捉到了这条信号。几分钟后，随着地球的自转，第二个接收器也指向了同一片天空，却没有检测到任何信息。

天文学家还惊奇地发现，这条信号一直在连续传送。当发射源靠近"大耳朵"接收器的中心，其强度增加，而当它逐渐远离接收天线的范围，其强度又在慢慢减弱。这就是我们在"Wow! 信号"数据中所观察到的现象。

人们一直在试图破解这条信息，多次观测同一片区域，希望再次捕获它，但都没有成功，也没能找到任何相似的信号。从某种程度上说，我们已经有了一个超凡的证据。但这并不是因为它展现出了什么明确可靠的内容，而仅仅是因为它与我们所监测到的任何一种信号都不一样。由于只有"大耳朵"射电望远镜的一根天线接收到了这条信息，所以很难精准判定它的来源。此外由于数据处理方式的限制，也无法确定到底是哪一根天线捕捉到了那条信息。因此，科学家在人马座方向划定了两个相对较近的区域开展研究。

此时就必须提到这条信息的频率了，它非常接近1420.41MHz（兆赫兹）。这个数值有什么特点呢？它是所谓的"氢线"。当氢原子状态变化时，会释放出少量位于该频率上的能量。在天文学中，"氢线"研究举足轻重，所以世界上所有的无线电均禁止在此频率上传输信号。

正因如此，理论上可以排除这个信号来源于地球的可能，也就是说它并非是从地球发出，遇到某太空垃圾碎片，被反弹了回来。虽然相关的禁止规定并不意味着不会在此频率上收到信号，但直至20世纪90年代末，科学家仍然认为"Wow! 信号"不太可能来自地球。

那么它是否来自外星呢？这或许是由一个外星智慧文明发出的。但由于我们没能再次捕获到这个信号，所以也存在另一种可能性：它也许就是一次自然现象。近年来，有学者提出"Wow! 信号"是由于彗星266P/Christensen和335P/Gibbs在附近区域过境时产生的氢云造成的。但这种说法也被推翻了，主要由于以下两个原因：其中最重要的是，它们释放的辐射应该能被两个天线都捕捉到；另一个原因是，彗星在这一频率上并不能释放出很明显的信号。于是我们又回到了问题的原点。

"Wow! 信号"可能来自太阳系之外，这并不匪夷所思，但它也没有直接指向外星人，因为信号并未重复出现。只要没能再次捕获到它，就不能排除自然现象的可能，当然也不能说它就是一个人造信号。也就是说，由于缺乏信息，我们无法确定它是否具有外星来源。

多年来，科学家多次尝试在同一方向寻找这个信号，但尽管使用了最先进的射电望远镜也无济于事。因此，"Wow! 信号"成为天文学历史上的一个孤立事件。我们尚未找到令人满意的解释，但由于没有新的信息，相关研究一直停滞不前。无论我们想提出多少猜想，只要没有新的数据和信息，都只能原地踏步。

目前，"Wow! 信号"的研究似乎止步于此了，它本可能是一个极具潜力的问题，但最终并非如此。这让我再次想到了"超凡的结论"这个话题。从我们在宇宙中观测到的内容来看，这一信号无疑是一个超凡的证据，但由于它的孤立性和含糊不清的来历，又具有相当的局限性。

让我们肆意畅想，假设"Wow! 信号"就是一条外星信息。那它涵盖了什么内容呢？尚不清楚。但基于人类的经验，我们可以提出一些想法。1977 年，"旅行者号"探测器发射。经过对太阳系四十多年的探究，现在，它们正在飞离太阳系这个小世界。

"旅行者 1 号"和"旅行者 2 号"均携带了一张镀金光盘，内容完全一致，包括关于地球和人类的详细信息。如果有一天人类灭绝了，这两个探测器将成为我们最后的遗产，两张光盘中的内容将是我们留下的最后信息。它们是什么样子呢?

其外形就像近些年在音乐圈重新流行起来的黑胶唱片，背面用氢线作为比例尺刻制了编码信息。为什么用氢线？卡尔·萨根及其他设计该光盘的科学家认为，如果存在一个像人类一样足够先进的外星文明，应当会了解这一概念，因为这是宇宙的基本常识。一旦他们破解了图示中关于氢线的信息，其他内容就相对容易解读了。

光盘背面的信息没有什么特别之处，主要是一些说明，详细解释了如何使用唱片转盘和磁针，以及如何才可以播放和收听光盘中的内容。但最值得注意的是，在唱片一侧一个较为明显的位置，刻制了一张神秘地图。地图标注了某地到银河系中心的距离，以及到附近14个脉冲星的距离。脉冲星是一种中子星，中子星是恒星的残余物，即一个比太阳质量大很多的恒星发生超新星爆炸后留下的残骸。

脉冲星好比宇宙的瑞士时钟，也好像宇宙中的灯塔。它会发出辐射束，但只有在直接指向地球时才能被观测到。一些脉冲星仅需一毫秒即可完成自转一周，精度甚至比原子钟还高。在下一章我们会详细介绍脉冲星。

这张地图有两个作用。其一，它标注了太阳系详细的坐标，甚至无需标注出14颗脉冲星的具体位置，即可用三角测量法精准得知地球的所在。其二，可以告诉这个在遥远未来某一刻截获这条信息的文明，这艘探测器是何时发射的。因为随着时间的推移，脉冲星的自转速度会非常规律地逐渐减慢，所以仅需测量探测器被捕获时的脉冲信号，与光盘当中记录的相比，即可推算出探测器自离开地球后飞行了多久。

光盘的正面也刻录了各种各样的信息，有太阳系行星的图片，人类、动物和景色的图像，地球不同语言的

录音，还有古典和现代音乐作品。这些信息就好比一部
20 世纪末的人类自传。

然而，实际上探测器携带的内容被某一外星文明破
译的可能性极低，尽管这种想法看似美好。它们很可能
会围绕银河系中心飞行数百万年，不会遇上任何其他恒
星。就算接近了有外星人居住的星球，也很难被发现，
因为它们不发出能量，在浩瀚的银河系中，几乎就是隐
形的。但如果这种遥远且渺茫的假设真的实现了，那么
未来可能会有外星文明了解到千百万年前住在银河系这
一处的智慧生灵是什么样子的。

但与外星人飞船不太可能偶然降临在地球上类似，
这种情况理论上行得通，实际上可能性低到几乎可以忽
略不计。而且这不是唯一的挑战，我们发送至宇宙的信
息也面临同样的问题。比如说，向武仙座星团发送"阿
雷西博信息"本身就是盲目的，因为那是银河系中一片
极小的区域，我们甚至都不知道那里是否有生命。就好
像从海里取了一杯水，当看到水中没有鱼，就认为地球
上的海洋中都没有生命。

太空中的距离都十分遥远，恒星和行星之间相隔万

里，所以从某种程度上来说，向宇宙中发送信息就好像在海中取水，并期待在其中一杯中找到鱼。

"SETI 计划"之所以重要，是因为它致力于在银河系中寻找（智慧）生命，尽管目前为止，人们都尚未在太阳系或银河系中找到简单的生命形式。

在这一领域最新的一项计划名为"突破聆听"，规模巨大，预算 1 亿美元，目标是分析银河系中的 100 万颗恒星，搜索生命痕迹。项目始于 2016 年，迄今为止尚未取得突破性进展，但每次搜索科学家们都会使用更先进的仪器。观测不过持续几周，但收集到的数据十分庞大，需要十余年的时间来分析。

此时不得不提到 2017 年经过太阳系的著名小行星"奥陌陌"。它来自太阳系之外，是第一颗人类确切知道来源的天体。它本在某颗遥远的恒星中的行星系统里，被抛射出后，在银河系中漫游，经过了我们的太阳系。不少人认为这颗小行星的内部有一艘外星飞船，尽管可能性甚微，"突破聆听"项目还是对其进行了分析，看其中是否有非自然痕迹。但没有发现任何异常情况，这颗小行星完全是自然形成的。

我们已经详细探讨了银河系其他地方是否可能孕育生命，不管是简单的还是复杂的生命形式，还是智慧生灵。能得出一个清晰的结论：这些智慧生物如果真的存在，或曾经存在过，会像我们一样提出同样的问题。他们也会尝试去理解自己所在的这个宇宙，发现我们发现的事情。或许，面对人类没能解开的宇宙未解之谜，他们会给出一个我们无法想象的答案。

　　同样，这些生灵也会发现一条重要的规律：那些看似一成不变的星星，也有自己的生命周期。从出生，到生活，再到死去。研究表明，人类正是这些星星的后代。数百万年前形成恒星的元素也组成了我们，它们不仅仅是简单的恒星残骸……

宇宙哪来的

第七章
生命交响曲

　　不管望向何方，宇宙都在向我们展示生命的循环，这种循环自宇宙诞生之日起就一直存在，甚至天体也有自己的生命周期。生命是一首演奏不息的交响曲。星云是恒星的摇篮。在直径数十到数百光年的巨大气体云和尘埃中，孕育了大量恒星。因此星云可能是人类所能观测到的最壮观、最迷人的结构。

　　距离地球 1344 光年的猎户星云是人类可以研究的最近的恒星形成区。

　　并非所有的星云都是恒星形成区（又称"HⅡ区"），它们既可以按照性质分类，也可以按照与光的关系分类。如星云是由其内部形成的恒星照亮，则称为"发射星云"。如被附近其他恒星照亮，则称为"反射星云"，如女巫头星云的光芒即来自参宿七。如遮盖住了其背后恒星的光，则被称为"暗星云"，如"巴纳德 68"。

　　一般来说，在同一座星云中，可能会出现以上多种类型。三叶星云就是这样一个例子，它是一片恒星形成区，但同时呈现出发射星云、反射星云和暗星云三种不同的形态，因此，其外观非常耀眼且独特。

恒星形成区是生命交响曲的开场。其内部有致密的球形气体和尘埃，名为"博克球状体"。在内部看不到的地方，新的恒星正在形成。有些恒星的体积巨大，如"巴纳德68"也是一个博克球状体，仅有0.5光年的直径，却正在孕育比太阳质量大两倍的恒星。但至少还需20万年或更久，这颗恒星才会降生于世。

恒星形成的机制相对比较简单。一般星云的某一区域会开始塌陷，其中心的密度会变得越来越大。当质量累积到一定程度，将会导致氢核聚变，预示着一颗新恒星的诞生。一座星云中，比如猎户星云，可能在百万年间孕育数千颗恒星。但这一过程并不会永远持续下去，因为每形成一颗恒星，星云中就会失去一部分物质，同时新生恒星的辐射会侵蚀其周围的物质，而这些物质本可以成为其他恒星。

星云中的球状物并不都是"博克球状体"，有一些是"萨克雷球状体"。它们也可以形成恒星，但时间非常紧迫，因为它们正被周围的新生恒星辐射侵袭。这些恒星从星云中汲取养分，却同时在摧毁着周围的环境，阻止其他恒星的诞生。

太阳也是在一座星云中出生，与我们能在天空中看到的类似。但它可能是和其他星体一起诞生的，形成了所谓的"疏散星团"。疏散星团由较弱引力联系的一群恒星组成，最终四散而开，围绕银河系中心形成自己的轨道。通过分析太阳的成分，我们发现，它诞生后不久即受到附近一颗超新星爆发的影响，这表明它曾是一座疏散星团的一员。

一片星云内可能产生多种多样的恒星。有一些质量很大，比太阳大数十倍，但寿命也很短，只有几千万年。还有一些比太阳小得多，但却有数万亿年的寿命。

这看起来似乎有些矛盾。质量大的恒星内含更多物质，好像应该更长寿才对，但事实并非如此。如何解释呢？这与恒星的聚变有关。大质量恒星内的大多数物质都无法进入内核进行反应，此外，由于一系列聚变活动，其能量损耗的速率也非常快，导致它们的寿命很短，最终走向猛烈的爆发。相比之下，那些小质量恒星可利用的物质更多，能够在很长时间内，源源不断地燃烧自身的燃料。它们虽不像大质量恒星一般耀眼，但从生命的角度来说，却是更长寿的。

在这场宇宙的交响乐里，每一颗恒星都有自己的位置。大质量恒星生命短暂如昙花一现，却在爆炸中迎来耀眼的结局。在爆炸中，宇宙的元素产生了。由于超新星爆发和中子星的碰撞，生成了金、铂等元素。

恒星内核中的碳或氧元素四散在星际介质中，被其他恒星或未来的行星系统吸收利用。如果没有大质量恒星，太阳系将不会存在，更不会有今天这个样子。地球与其他所有岩石行星一样，都是由数十亿年前死亡的恒星内部物质组成的。

恰似地球上的生命循环。死去的生物为后来的我们提供养料，而在我们离世后，又将为新一轮生命带去养分。构成你左手和右手的原子分别来自不同的恒星。你是几十亿年前消亡的恒星的产物。也许是一颗中子星，也许它已经变成了黑洞。

太阳正处于主序阶段，正在用自形成以来积累的氢元素发生氢核聚变。此时是它的中年时代，全盛时期。

　　　　　　　　　　　宇宙哪来的

在前 45 亿年，太阳不断将氢转化为氦，接下来的 45 亿年，它将继续如此。当所有的氢消耗殆尽，内核全部转化为氦，太阳也将进入其末年时期，成为红巨星。

没有氢，太阳的内核将在短时间内收缩、升温，引发氦聚变，产生碳和氧，但由于质量不够大，所以不能生成其他元素。它的气体外壳将会开始向外膨胀，形成"行星状星云"。这些被抛射的物质会组成数十亿年后的行星系统，那些曾经构成太阳系的元素又将成为新系统的一部分。

然而，并非所有的"博克球状体"以及星云中的塌陷部分都会演化出新的恒星。有一些最终未能成功，成为了"失败的恒星"，也就是我们熟知的"褐矮星"。它们无法完成氢核聚变，但可以进行氘核聚变，如果质量足够大，也可以产生锂核聚变。有一种非常流行的说法认为木星其实差点就可以成为恒星，如果它当时积累了足够的质量，就可以做到。但这是一种谬论。木星实际上都不足以成为褐矮星，它至少需要十倍于现在的质量。

银河系中有多少褐矮星？很难说清。这是近几十年来最新发现的一类天体。一些研究甚至认为其数量比红矮星还要多。红矮星比太阳小很多，我们在银河系可观测到的星体中，75% 都是红矮星，所以整个银河系中褐矮星的数量可能达到数百亿。

尽管被称作"失败的恒星"，但仍不乏对其的相关研究。我们可以将褐矮星看作介于行星和恒星之间的特殊存在。

行星在诞生后不久，可能会因不同的相互作用力被抛射出其所在的行星系统，成为"流浪行星"，围绕星系中心运行。此前，人们曾将某些行星定义为流浪行星，但后期更详细的研究表明，它们其实是褐矮星。褐矮星也可能有自己的行星系统。

猎户星云中有数量庞大的褐矮星，许多红矮星以及其他质量更大的恒星。在中心附近，猎户四边形星团备受瞩目，它由数颗恒星组成，其中一些的质量甚至比太阳大 30 倍。

我们已经了解了恒星的形成过程，星云是恒星的摇篮，且有些恒星可能无法成功降生，会成为褐矮星。这又让我们想到，在生物界，并非所有的生命都能开花结果。那么恒星的衰老是什么样子？此前已经讲过，太阳在其末期会进入红巨星阶段，但根据宇宙法则，它终将有一天会死去。恒星也会死亡，包括红巨星，尽管对于人类短暂的一生来说，它们似乎是永恒的。

所有与太阳质量相当或更小的恒星最终都会成为白矮星，即暴露在太空中的恒星内核。其内部不发生任何核聚变反应，依靠原子的电子简并压力支撑，抵御重力坍缩。白矮星质量与太阳相当，但直径只有地球那么长。形成之初，其温度可达到上百万摄氏度，但由于没有核聚变，温度会逐渐降低。

当白矮星完全冷却下来，就会变成寒冷的"黑矮星"。但这只是一种假设，因为宇宙的年龄还不够大，不足以形成黑矮星。目前已观测到最古老的白矮星仍有几千摄氏度的温度。

这就是银河系绝大多数恒星的命运。90%以上的恒星最终会变成白矮星，并在遥远的以后，成为黑矮星。

但其他更大质量的恒星会有两种不同的结局。如果电子的压力比恒星的引力大，电子简并压力会阻止白矮星的引力坍缩。但若恒星引力大于电子压力，则无法抵抗坍缩，电子会与质子结合形成中子。这就是恒星的第二种归宿，成为中子星。中子星是大质量恒星发生超新星爆发后的残骸，是这颗年老的恒星最后剩下的核心部分。

白矮星和中子星之间的界限在哪里？这是 20 世纪初印度天文学家苏布拉马尼扬·钱德拉塞卡提出的问题。根据他的计算，白矮星的最高质量约为 1.44 倍太阳质量。如果一颗恒星比 1.44 倍太阳质量小，那么它就是一颗白矮星；如果更大，则是中子星。这一数值被称为"钱德拉塞卡极限"。

中子星性质独特。直径不到 10 千米，质量却是太阳的数倍。部分中子星会根据自转周期规律性地发出辐射光束，名为"脉冲星"。它们好像海洋中的灯塔，为黑夜中来往的船只指引岸边的方向。这个比喻并非信手拈来。脉冲星是一种十分规律的天体，有科学家提出，先进文明可能会利用脉冲星进行导航，就像前文提到的"旅行者号"探测仪，它携带的光盘上刻制地图即是希望利用脉冲星进行定位。

由于角动量守恒，中子星自转速度极高。你一定对这个现象非常熟悉，举个例子，当花样滑冰者将手臂收

宇宙哪来的

拢，他的旋转速度会增加；当将手臂伸开，速度则会降低。对于中子星来说，年老恒星由于超新星爆发后占据的空间变得很小，所以自转速度也大大提高。目前，科学家已经观测到自转周期以毫秒计算的脉冲星，名为"PSR J1748-2446ad"，每秒钟自转716圈。其质量为太阳的两倍，但直径只有32千米。按赤道计算，它以每秒钟7万千米的速度自转，为0.24倍光速。

除脉冲星之外，中子星还可以成为具有更强磁场的"磁星"。与中子星类似，磁星的质量为太阳的2～3倍，直径为20～30千米。中子星的密度极大，一汤匙大小的物质质量就可以达到1亿吨。

磁星绕轴自转一周的时间同样不到一秒，但它的寿命很短，只有1万年左右。之后，它强烈的X射线将会消失，并同时发生"星震"现象。星震与地震类似，只不过前者发生于恒星的外壳。

星震发生时，会释放电磁光谱中能量最强的伽马射线，可能影响到附近的恒星系统，以及它们的行星。不过不用担心，我们曾在地球上探测到数次来自磁星的伽马射线，但均未造成任何危险。只有我们非常靠近这些宇宙射线时，才会面临真正致命的后果，其强大的磁场会将人完全溶解，而我们却束手无策。

中子星是宇宙中最猛烈、最极端的天体之一。磁星的磁场十分强大，但普通中子星也毫不逊色。我们可以用数字来说明。地球磁场强度约为 0.5 高斯，太阳除太阳黑子区域附近磁场强度可达几千高斯外，基本磁场强度为 1 高斯，而一颗中子星可达 1 万亿高斯，一颗磁星更是高达 1000 万亿高斯。以上数字展现了这些恒星残骸的极端程度。

与质量更小的恒星所留下的行星状星云不同，中子星可能伴随另一种星云出现，即"超新星遗迹"。最知名的例子是"蟹状星云"，形成于公元 1054 年前后的一场超新星爆发。蟹状星云中心是一颗脉冲星，名为"蟹云脉冲星"。这又是一个等待我们去探索的恒星遗迹……

如果中子简并压力都无法阻止恒星生命结束时的引力坍缩，会发生什么？它将会变成宇宙中最致密、最神秘的天体——黑洞。

与白矮星一样，对于中子星来说，也存在一种极限，即"托尔曼－奥本海默－沃尔科夫极限"，得名于美国物理学家里查德·托尔曼和罗伯特·奥本海默，以及加拿大物理学家乔治·沃尔科夫。他们认为中子星质量的上限为 3 倍太阳质量，如果超过了这一极限，那么它最终的归宿就是成为黑洞。

黑洞本身就是一个研究领域，呈现出许多宇宙难以解释或理解的极端现象。它的引力极大，当靠近时，连光都无法逃脱。

英国科学家、科普学者布莱恩·考克斯曾在其著作《宇宙的奇迹》中提到，我们可以想象河流尽头的一座瀑布，在远离瀑布的位置，水流平稳，水速平缓，可以逆流游泳，没有任何危险，因为水流不会拉走我们。但是逐渐靠近瀑布，水速慢慢增大，我们需要加速游泳，直到来到瀑布附近，水速过快，我们会被水流带走，无计可施。

黑洞也是这样。当靠近到一定程度，连光都无法逃脱它的引力。而光是速度最快的，所以只要足够靠近黑洞，就没有任何物质可以摆脱它的拉力。只有宇宙质量最大的恒星会变成黑洞。但在这一点上，有人认为，并非所有的恒星在坍缩成黑洞之前都会经历超新星爆发。

甚至连黑洞都有终点。英国物理学家史蒂芬·霍金认为，如果黑洞不吸收物质，应当存在一种蒸发机制，这就是所谓的"霍金辐射"，发生于黑洞的"事件视界"。事件视界是黑洞附近的区域，过了这个界限，连光都无法逃脱它强大的引力拉力。

霍金辐射即黑洞的蒸发机制。但这个过程十分缓慢，可能需要数十亿、数千亿、数万亿甚至数千万亿年才能蒸发完毕。所以当我们幻想宇宙最遥远的未来时，会看到一片黯淡的场景。几千万亿年后，当所有形成恒星的物质都消耗殆尽，红矮星也褪色，黑洞还在那里，慢慢蒸发，直至消失。

到那时，宇宙将被极为致密且猛烈的物质主宰。生命的交响乐并非只发生在地球之上或恒星的循环间，宇宙也有自己的生命轨迹。宇宙虽然年龄很大，但仍然十分年轻，甚至可以说，它才刚刚学会走路。在它生命末期，也许将没有丝毫光亮，只剩下黑洞还留在这片茫茫的宇宙空间。

不管是白矮星还是黑洞，这些恒星的残骸都在提醒我们，恒星的生命与人类息息相关。我们是宇宙的镜子，由同样的元素组成。地球上的生命循环，也发生在宇宙的各个角落。也许在其他行星上也存在，对于那些看似一成不变的恒星来说，一定也是如此。

不谈这些看起来富有哲理的问题，在天文学中，白矮星、中子星和黑洞都是十分值得研究的领域。有一些天文学家甚至提出一个问题：在白矮星和中子星周围，是否可能存在行星能够满足宜居的条件呢？比如恒星在变成白矮星之前会经历红巨星阶段，这一阶段过后仍可能会有部分行星得以存活下来。

对于太阳系来说，当太阳进入红巨星时期，水星、金星甚至地球都将会被摧毁，但是火星、木星及土星可能会幸免于难。就脉冲星而言，已经发现有一些脉冲星周围存在行星。所以，可能有一天，它们会拥有适宜居住的条件。

然而，现有研究却未能得出理想的结论，因为以上两种可能性均存在极端情况。一方面，白矮星可能与行星过于接近，其强大的引力会导致行星完全不适合生存；另一方面，脉冲星附近的行星必须有十分浓厚的大气层，才能防止强 X 射线的侵害。

这些问题虽然有些奇怪或荒谬，但我们仍需继续探索答案，才能了解生命在宇宙中的位置。太阳仍处于主序阶段，与以上情况还相隔万里，或许解答出这些问题，我们才能在现在这个大背景下寻找到生命。

或许你已经注意到，在探讨这些问题时，我们并没有考虑黑洞。可以尽情畅想，但在恒星坍缩为黑洞时，行星几乎不可能存活下来。不过从很多方面来说，黑洞都是十分值得研究的。它是宇宙中最致密的物体，直径甚至比中子星还要小。我们的认知中仍存在许多空白，无法解释黑洞到底是如何形成的，也无法解释出现在它周围的现象，它对时空的影响，以及在其运行原理中发现的悖论。但我们面对的是宇宙中最极端的天体，这些问题就显得平平无奇了。黑洞就是光的囚笼……

第八章
光之囚笼

　　当一颗质量巨大的恒星向内坍缩，变成一个黑洞，究竟会发生什么？我们通常会认为黑洞是一条时空隧道，但实际上并非如此，它是一个球体。

　　理论上，任何有质量的物体只要被压缩到足够小的空间内，都可能成为黑洞。以太阳为例，它的质量不足以形成中子星或黑洞，但如果人类有充足的能量可以利用，那么可以将其转化为一个黑洞。届时的太阳有多大呢？它现在的直径为139万千米。当将其放入一个直径6千米的球体内，则可以得到一个黑洞。

　　同理，如果将地球压缩至直径为18毫米，相当于一颗玻璃弹球那么大，它也会变成黑洞。甚至可以用人类举例！一名70千克重的成人要想变成黑洞，则需缩小到1.039×10^{-25}米那么大，比一颗原子都要小。

　　这就是"史瓦西极限"，由德国物理学家、天文学家卡尔·史瓦西在19世纪末和20世纪初提出。他不仅计算了给定质量物体需要缩小多少才能坍缩成黑洞，还指出了事件视界距离黑洞的距离，过了事件视界，连光都无法逃脱。

上一章中提到，超大质量恒星可能坍缩成为恒星级黑洞。其实黑洞共有两种分类，其一为恒星级黑洞，其直径一般能达到 30 千米左右。其二为特大质量黑洞，一般认为存在于每个大型星系中心。此前我们曾多次提及人马座 A*，它的质量约为太阳的 260 万倍，直径达 4400 万千米。如将其放入太阳系中心，几乎可以达到水星轨道距离太阳最近的位置，即其距太阳仅 4600 万千米的近日点。

恒星级黑洞和特大质量黑洞之间是什么呢？这仍是一个悬而未决的问题。有科学家提出，可能存在一种介于两者之间的黑洞——"中等质量黑洞"。我们可以将其视为事物演化的一步。然而，虽然已发现一些天体符合中等质量黑洞的定义，但均缺少确凿的证据。

如果真的存在中等质量黑洞（又称"中型黑洞"），那么黑洞的演化顺序应当为：形成恒星级黑洞，随着时间的推移，吸收更多其他的恒星级黑洞，最终成为特大质

宇宙哪来的

量黑洞。这个演变过程看似合乎逻辑，但也存在一些问题。一些科学家认为，在宇宙形成之初，因为时间不足，恒星级黑洞不可能变成特大质量黑洞。然而，已发现部分形成于宇宙诞生之后不久的特大质量黑洞。

还有别的可能性吗？让我们回到宇宙的幼年时期。有天文学家指出，当时或有大片星云区域塌陷，但却没有孕育恒星，而是变成了大型黑洞。

两种假说，两种可能，哪一个是正确的？只有继续跟随科技的进步，用更新、更强大的仪器，探测周遭宇宙的黑洞，才能揭晓谜底。也许通过这种方式，会发现中等质量黑洞的存在。又或许，我们可以用其他设备探索更遥远的地方，找到由星云坍缩而来的黑洞。

也许正是由于黑洞是宇宙中最复杂的物体，很多人认为它是混乱的根源，创造出了很多流传甚广的故事和传说。最普遍的说法认为，黑洞就像吸尘器一样，可以吸收一切。但事实并非如此，它并不能毫无限制地吞噬物质。就用太阳来举例子，如果将它变成黑洞，太阳系仍然还是原来的样子，行星依旧围绕它旋转，仿佛什么变化都没有发生。只有当距黑洞几千米的时候，才会受到它的影响。

这也说明了黑洞并不能无限增长，物质只有进入它的范围，才会被吞没。人马座 A* 是一座不活跃的大质量黑洞，很久以前，就已经停止吸收物质。那些仍在吸噬物质的大质量黑洞有自己的名字，即"活动星系核"。它包含多种不同类型，其中最著名的是"类星体"，此外还包括"耀变体"和"赛弗特星系"。

它们之间有什么区别？实际上三者是一样的。类星体和耀变体的区别在于其相对于地球的方向，这也会影响它们的亮度。耀变体直指地球，其周围围绕着温度极高的吸积盘，所以亮度比银河系高数千倍。类星体的亮度低一些，因为它并不直接指向地球，而是大致朝着我们的方向。赛弗特星系与前二者略有不同，其所处的星系是可以被探测到的。但类星体和耀变体的位置十分遥远，所以一般来说无法探知它们位于哪些星系。

可以用一个例子来更好地解释类星体和耀变体之间的不同。假设黑夜中有一辆在高速公路上行进的汽车，当我们站在路中央，则可以清晰地看到汽车的光束，因为它直接照亮了我们，就像耀变体一样。但如果站在路

宇宙哪来的

边，依旧可以看到车灯照亮了前方的路，但亮度却不如之前强，因为它没有直接照向我们。

曾经，银河系也是一个活跃的星系。在未来的某一天，它会重新活跃起来。因为当银河系与仙女星系相撞，二者内部的特大质量黑洞将会合并，在很长一段时间内，这头新生的宇宙猛兽将会吸收更多的物质。到那时，如果存在某个文明，他们从宇宙的其他角落观测，将会看到我们的星系就如同类星体或耀变体一般。

对于一些人来说，黑洞令人心生恐惧。地球会被黑洞吞没吗？毕竟它是不发光的物体，除非周围有吸积盘，否则很容易被忽视。而更令人不安的是，据统计，银河系中可能有数百万颗黑洞。

但幸运的是，宇宙是无边无垠的，就算是恒星之间的距离也十分遥远。虽尚未完全证实，但距我们最近的黑洞至少也有 2800 光年，对地球来说没有任何威胁。也就是说，我们无需担心是否有一天会被黑洞吞噬。相比之下，地球被彗星或小行星撞击的可能性则大得多。

不过，还是让我们继续刚才的思路：如果掉入黑洞内部，会发生什么？这是一个十分奇特的场景，因为答案是：会发生很多奇异的事情……还会存在一些例外。

黑洞周围的引力极大，掉入黑洞内的人将会被拉伸成一根意大利面条，即发生"意大利面条化"效应。原理十分简单。由于黑洞是一个体积很小的天体，只有几十千米长，所以物体两端（如人的头和脚）所经受的引力相差很大，甚至在还未到达事件视界前就会开始被拉伸。所以，对于恒星级黑洞来说，不会有太多奇异的事情发生。因此当一名宇航员不幸落入恒星级黑洞中，我们将无力挽救他。

但对于特大质量黑洞就不一样了。假设有两名宇航员——宇航员 X 和宇航员 Y，他们正向银河系中心的特大质量黑洞进发。到达目的地后，宇航员 X 决定将 Y 推向黑洞内部，而 Y 却什么也做不了。会发生什么呢？让我们从宇航员 X 开始说起。

在 X 看来，Y 正逐渐向黑洞内部滑落。起初，他看起来移动速度很快，但越接近事件视界，速度就越慢，甚至在某一刻看起来就像完全不动了一样。但事实并非如此。

此时 X 正在经历时间膨胀。因为黑洞极强的引力扭曲了周围的时空，导致在像 X 这样的旁观者看来，一切都变慢了。在下一章我们会详细介绍这个现象和相对论。但现在让我们回到凶手 X 的视角。X 露出恶毒的笑容，看着 Y 逐渐靠近事件视界却无计可施。然而此时 Y 身上却没有发生"意大利面条化"现象，因为特大质量黑洞的体积比恒星级黑洞要大许多，因此物体两端承受的引力差别不大。

最终，Y 到达了事件视界，在 X 看来，他已经被烧死了。为什么？正是因为此前提到的霍金辐射已经摧毁了 Y。如果 X 愿意，他可以在事件视界上拾捡 Y 的骨灰，并将它带回地球，还给他的家人，说有一场可怕的、令人费解的事故带走了他的生命。

到现在为止，这个故事似乎没有什么特别之处，不过就是一名宇航员被推入了宇宙最恐怖的天体，惨死其中……但他真的死了吗？对于 Y 来说，又发生了什么呢？

与之前所想的截然不同，当 Y 发现自己正向黑洞内部滑落，他勃然大怒，用手电筒向 X 发了一串摩斯电码，发誓要为自己报仇。但 X 并无法识别 Y 发出的是一条消息，因为 Y 用手电筒的开关来模拟摩斯电码，但时间膨胀导致开关之间的间隔越来越长。而随着 Y 逐渐接近事件视界，他也不会遇到任何异常情况。他感觉良好，也许在生 X 的气，但一切正常。他马上就要穿过宇宙中最暴烈的地方之一，但却没有感受到任何不妥。也许面对即将发生的事情，他仅能体会到因好奇和兴奋而产生的那种心里痒痒的感觉。

最后，他安然无恙地穿过了事件视界，进入了黑洞之中，完好无损，平安无事。为什么同是落入黑洞，却有两种完全不同的结局呢？因为只有这样，才不会违反自然法则。尽管看起来很奇怪，但两种结局必须都存在。因为量子物理学告诉我们，信息是不可能丢失的。所有证实 Y 的存在的信息，都会保留在宇宙之中，不会消失。

但与此同时，相对论认为 Y 必须在未遇到任何致命辐射或事件的前提下才能穿过黑洞。另一个复杂的情况是，信息不能被克隆，也就是说不存在 Y 的复制品。

以上就是著名的"黑洞信息悖论"，已让许多科学家绞尽脑汁。可能解决这个悖论吗？有什么方法可以做到吗？其实是可以的。

一些物理学家认为，实际上并不存在什么悖论，因为不可能有人可以同时看到 Y 的骨灰和进入黑洞的 Y，所以并不违背自然法则。但这并不是一个令人满意的解释，因此信息悖论仍然悬而未决。

让我们继续回到 Y 的故事。他在特大质量黑洞中将会经历什么？实际上，他可能会完全正常地度过余生，至少是在黑洞中能达到的正常情况。

黑洞的中心是"奇点"。但奇点这个名称只是科学上的一种委婉说法，表示我们并不了解其内部到底发生了什么。爱因斯坦的方程式告诉我们，奇点具有无限引力，或者说，奇点处的时空无限弯曲。然而我们尚未在宇宙中观测到任何无限的东西，所以，可以认为在极端情况下，我们对宇宙的理解远远不够。

黑洞内部的生活是什么样子呢？在宇宙的另外一个地方也存在奇点，那就是宇宙大爆炸的起始点。所以只需观察这一点，可能就知道黑洞里面的样子。一些科学家还持有一种有趣的观点，认为这两种奇点都是同一过程的结果。

宇宙大爆炸的奇点是将极大量的物质凝聚在一个极

小的点中，其密度和温度都很高。你可能也听过这个说法，宇宙是从一个密度和温度都无限大的点处诞生的，所以这两个奇点可能是相同的。

甚至还有科学家提出了一个奇特但合乎逻辑的想法，黑洞的奇点可以孕育一个新的宇宙。也就是说，我们的宇宙来自过去宇宙的一颗黑洞。这又让人想到了多重宇宙的问题，我们的宇宙可能是众多宇宙中的一个。但下一章才会细说这个问题，首先，我们还需要了解其他的一些概念。

理论上讲，黑洞应该还有一个对立面——"白洞"。当前者在吸收物质的时候，后者在释放物质。白洞在数学上是可能的，但并未被实际发现，且可能永远不会有相关证据。白洞只有在没有质量的地方才可能形成。科幻小说中最常见的设定就与这个概念有关，那就是"虫洞"。

"虫洞"的概念十分简单。由于黑洞极大地扭曲了周围的时空，导致其内部打穿了宇宙的结构，因此理论上我们可以将时空相隔很远的两个地方连接起来，不需要比光速还快，就可以实现穿越。光速是宇宙速度的极限，

宇宙哪来的

没有比它还快的东西。所以，如果未来我们想要到宇宙的远方去旅行，就需要寻求其他的方法。

因为就算是光速旅行，速度也是很慢的，仍需要 100 万年以上的时间才能探索完整个银河系，一代又一代的人类都将投入到相关研究中。此外，还有一个棘手的问题：就算是到距离最近的恒星，也需要相当长的一段时间。

这就是为什么我们需要"虫洞"。只要走进去，我们就可以在很短的时间内，到达宇宙的另一个地方。最神奇的是，从数学上讲，"虫洞"是可能存在的。因为爱因斯坦的方程式解释了时空的运作，说明了它的可能性。理论上来说，宇宙中的两个地方可能会因"虫洞"相连，我们可以从其中一处到达另外一处。

然而在数学上说得通并不意味着它就真正存在，白洞是这样，虫洞也是如此。一方面，我们尚未观测到任何与其概念相似的天体。另一方面，为保持隧道畅通，虫洞内部应当含有某种特殊的物质。具体是什么物质呢？很难回答，因为我们并不了解。也许它根本就不存在。

所以，令人失望的是，我们或许只能以低于光速的速度前进，或许来到半人马座阿尔法星这样遥远的地方，需要很多很多年。更不用提其他类似的情况，比如以光速去往银河系中心将需要 2.5 万年，如果用 50% 的光速，则需要 5 万年。人类的寿命显然无法与之相提并论。

此外，光速旅行也有自身的问题，时间膨胀就是其中之一。但不仅如此，物体速度越大，能量也就越大。比如一个光速飞行的原子，对人类来说就仿佛一颗子弹。换句话说，人的身体无法驾驭接近光速的运动，因为我们无法承受严苛的太空环境。

我们甚至都无法以 50% 光速的速度行进，这并非信口开河，因为目前为止，人类飞船都尚未达到一个理想的速度，连 10% 的光速都不到。所以，星际旅行的时间也大幅增长。以现在的科技水平，需要数千年才能到达半人马座阿尔法星。

在这样的情况下，我们可以做什么呢？有一种名为"世代飞船"的办法。在这艘飞船上，人类世代交替，在舰体四壁围绕起来的空间内生活。

但发射世代飞船的数量多少也会带来不同风险。

宇宙哪来的

让我们设想一个看似极端且不太可能发生的情况。在太阳生命末期，人类已经来到了太阳系的不同天体定居。为了生存下去，我们未来的后代只有一个选择，那就是建造一艘世代飞船，飞向半人马座阿尔法星，寻找新的家园。假设当时的情况只能允许建造一艘飞船，那么人类将把命运全部押在一张牌上。如果在几千年的航行中，这艘飞船出现了什么意外，人类这个物种也将走向灭绝。

但幸运的是，才华横溢的阿尔伯特·爱因斯坦给我们提出了其他的解决方案，虽然有些让人头疼，但仍然受到了许多关注。毕竟，人类一直都在面对各种各样的挑战，没有我们无法跨越的障碍……又或者，不是这样呢？

第九章
宇宙的障碍

　　大家都听过这个故事，艾萨克·牛顿爵士正坐在自家花园中的一棵树下，突然，一颗苹果落在了他的头上。这一刻，灵光乍现。但是根据英国皇家学会的说法，当时的真实情况有些许不同。

　　17世纪的某一天，牛顿看着苹果从他母亲花园的树上落下来，这启发了他发现苹果的落地和月球围绕地球旋转的机制是一样的。这位杰出的英国人发现了万有引力。几个世纪以来，他的发现和才智帮助我们更好地解释宇宙的运行，为天体力学奠定了基础。但故事到这里仍未结束。

　　直到20世纪，天才科学家阿尔伯特·爱因斯坦才在这个问题上更进了一步。牛顿想知道为什么苹果会从树上掉下来，为什么月亮围绕着地球转。但爱因斯坦希望更深入地探讨，地球是如何将月球束缚在其周围的？在1.5亿千米之外的太阳又是如何将地球锁定在自己的轨道

　　　　　　　　　　　　　　　宇宙哪来的

上的？为此，他提出了著名的相对论，并以一种十分美丽概念对宇宙进行了阐释，这个概念就是"爱因斯坦时空观"。

爱因斯坦认为，宇宙是由四个维度组成的，前三个是物理空间，即我们熟知的上下、左右、前后；第四个是时间维度，即时间。人类无法完整体会第四维度，因为我们只能活在"当下"这一个具体的时间，不能回到过去，也不能去往未来，无法体验完整的时间维度。人类生来如此。试想如果通过某种方式，人类可以完全达到这一维度，能够穿越过去和未来，那是否意味着未来是已经写好的，我们无力改变任何即将发生的事情呢？现实情况要复杂得多。

如果可以完全进入第四维度，会发生一件非常不可思议的事情。在现在之前，我们可以清楚地看到过去，而在现在之后，未来是模糊的，只有在它成为过去，才会变得清晰。

用著名理论"薛定谔的猫"即可解释这一现象。"薛定谔的猫"是量子力学中的悖论，指的是将一只小猫和一瓶装有放射性物质的小瓶放入同一个盒子内，一个小时以后，小瓶可能会破碎，释放出致命物质，杀死小猫；但小瓶也有可能完好无损，小猫还会好好活着。提出该问题的埃尔温·薛定谔认为，在打开盒子之前，小猫既死了，又活着。如果不打开盒子，或不通过其他方式看到盒内情况，就无法知道结果是以上两个之中的哪一个。我们可以将"薛定谔的猫"应用到时空维度中，比如说，试想有一个处于现在的盒子，还有一个一小时前的盒子。

猫的未来是模糊的，它可能是死的也可能是活的，只要尚未到来，我们就无法得知即将发生什么。当未来变成现在，我们就可以知道结果，并且从此刻开始，它就变成了完全已知的过去。还有许多其他例子。假设十年内将有一颗小行星可能会与地球发生碰撞，但这个未来也是朦胧不清的。我们可以仅在十年之内使其偏离轨道吗？又或者它会影响到地球吗？这些可能性都是完全模糊的。只有到那时，它真的对地球产生影响，或偏离了轨道，我们才知道最终的结局是什么。也就是说，时空虽为一个整体，但完全不意味着我们以后的行为是预先写好的。

但这个概念仍有用武之地。如果可以标记时空，就可以写出爱因斯坦的时空坐标：他于 1879 年 3 月 14 日出生，于 1955 年 4 月 18 日在美国新泽西州普林斯顿市去世。在这两个位置之间，存在无数个时空坐标点，代表了他一生所有的时刻。

我并非随意用阿尔伯特·爱因斯坦举例子，正是因为他的研究，我们才能用完全不同的另一种方式看待宇宙。1905 年，他发表了《论动体的电动力学》，阐述了两个重要的观点。首先，物理定律在所有惯性系中都具有相同的表达形式；其次，真空中的光速对任何观察者来说都是相同的。该如何理解这两个观点呢？

19 世纪末，科学家相信"以太"的存在，认为它是一个绝对参考系，任何事物都可以用它来衡量，比如光在以太中传播的速度。然而，多次实验过后，仍未成功找到证明其存在的证据。这意味着不同参照系中的物理定律也是不同的。

但不管做了多少次实验，都没有发现以太，所以科学家们简单地认为实验是错误的。而阿尔伯特·爱因斯坦的想法正相反，他认为实验没有错，错误的是理论。

他在其狭义相对论中解释道，如果处于加速度为零的参照系，一直匀速按直线运动，那么光速对这个参考系中的所有人来说都是一样的。

假设我们正在一艘匀速沿直线行驶的宇宙飞船上，几米开外，还有一艘静止的飞船，上面有另一名宇航员正在看着我们。我们手中有一根激光笔，上方和下方各有一面镜子。用激光笔照向上方的镜子，测量光到达下方镜子的时间和距离。从我们的视角来看，光在10纳秒走过了3米，1纳秒等于十亿分之一秒。

而对面的宇航员的视角则有些许不同。光的路线不是垂直的，它没有在10纳秒内走过3米，而是沿斜线向上行进了几千米，直到遇到上面的镜子，后又沿斜线向下行进了几千米，直到遇到下面的镜子。光走完这段路程则需要几秒钟的时间。尽管视角不同，但有一个数据是不变的，那就是光速。对于双方来说，光速都是每秒钟30万千米（常四舍五入，实际上应为每秒钟299 792.458千米）。

这就是时间的膨胀。对于我们来说，时间是正常流逝的。而对于在远处观察我们的宇航员来说，时间是更慢的。

宇宙哪来的

狭义相对论的美妙之处在于，它认为时间和空间是密切相关的。而且光有一种特殊的性质，它不能加上或减去我们的速度。举个例子，如果我们以每小时 60 千米的速度在公路上前进，这时，有一辆汽车以每小时 80 千米的速度超过我们，那么可以说，这辆汽车正以每小时 20 千米的速度远离。但是光速不能这样加减。

在狭义相对论中，爱因斯坦也提出了著名方程 $E=mc^2$，能量等于质量乘以光速（用字母 c 表示）的平方，也就是说，能量与质量是相关的。这会让我们发现一个有趣的问题，如果给一个物质加速，当给他施加的能量越大，它的质量也会越大。

同理，当物质获得了更大的质量，如果继续加速，则需要更多的能量。因此，有质量的物体均无法达到 100% 光速，因为此时需要无限的能量。我们可以加速到 99.999 99%（小数点后多少个 9 都可以）的光速，但永远无法达到 100%。因为光速是宇宙速度的极限，任何物体的速度都无法超越光速。

1915 年，阿尔伯特·爱因斯坦发表了广义相对论，帮助我们理解引力在时空当中的意义。牛顿认为，引力适用于所有事物，但爱因斯坦认为，引力不是传统意义上的一种力，而是时空弯曲的结果。请想象一条飘浮在空中的披风，如果在其中放入一颗球体，由于引力，披风会变形。同理，一个如太阳一样质量巨大的物体也会使周围的时空弯曲，就好像在山脉中的一座山谷一样。

想象地球围绕着太阳在这座山谷中运动。就算太阳造成了时空弯曲，但由于地球有自己的运行轨道，所以它不会落入太阳。同样，如果人在地球表面跳跃后落地，也不会有什么力会把我们推向或拉向地球的中心，因为我们遵循了时空曲率的规律，而且地面阻止了我们继续降落。美国理论物理学家约翰·阿奇博尔德·惠勒将这种现象精辟地总结为了一句话：时空告诉物质如何运动，物质告诉时空如何弯曲。

广义相对论还提出了一些著名的预言，比如黑洞的存在（当时空中有一个致密度巨大的物体会发生什么？）。此外，它也解决了一些牛顿万有引力定律无法解释的问题，例如水星围绕太阳的运动。

在爱因斯坦广义相对论问世之前，水星一直被认为是一个特例，因为它轨道的进动与牛顿万有引力定律预测的不同。进动指的是行星围绕恒星运行时其轨道的旋转运动。

牛顿万有引力定律认为，水星轨道的进动应为每百年 38 角秒，但实际上数值更大，应为每百年 43 角秒。尽管可能有不同的原因，但如果用万有引力定律解释这个现象，一般认为行星进动是受到另外一个物体的引力扰动。

曾成功预言海王星存在的法国数学家于尔班·勒威耶在 1859 年发现了水星进动的异常。对此，科学家们提出了多种解释。也许太阳比实际认为的更扁平，也许水星附近还有一颗未被发现的卫星。还有一种最受瞩目的说法，那就是太阳和水星之间还存在一个未被发现的行星，人们将其命名为"祝融星"。

但无论如何，水星的运行都不符合牛顿万有引力定律，至少在观测中不出现其他偏差的情况下。且所有可能的原因都只能制造出更多的问题。然而，广义相对论完美解释了水星的运行。因为在其周围，时空曲率很高，使得其进动比用牛顿定律计算得出的结果要快。

这一发现对于爱因斯坦来说十分重要，因为它"成功"证明了他的理论是正确的。除此之外，广义相对论还提出了一个更加著名的预言，即"引力波"的存在。爱因斯坦认为，可能人类永远无法发现引力波，但幸运的是，他错了。2016年，科学家们宣布发现了14亿光年外两个黑洞碰撞（或合并）产生的引力波。

我们可以将引力波想象为在平静的湖面上扔一块石头后激起的波纹，波纹在水面上移动，直到岸边。只不过引力波是在时空中，在人类无法观测到的尺度上传播。它的发现使得人们可以在接下来的几十年间用一种全新的视角来分析宇宙。爱因斯坦于1916年预言引力波的存在，一个世纪后终于得到证实，这正说明了这位杰出物理学家的发现的重要性。

爱因斯坦提出的最激动人心的观点是时间旅行的可能性。当时，也有许多人有同样的想法，希望回到遥远的过去，看看人类的起源，或走得再远一点，到6500万年前，见证恐龙的灭绝。当然，还有许多值得重现的重要时刻，比如参观古代藏书最丰富的、全盛时期的亚历山大图书馆。但是，我们真的可以时间旅行吗？实际上，现在我们正在一小时又一小时地在时间中前进。

宇宙哪来的

这句看似直白的陈述背后其实隐藏着很深的道理。去往未来是可行的。如果我们想加快速度，不再一小时接一小时地去向未来，有两种可能的办法。其一，尽可能接近光速。问题在于，我们不知道人类可以承受的最大速度是多少。

所以我们在此先不考虑以近光速旅行会发生什么这个问题。如何感知时光的流逝呢？尽管结论看起来有点奇怪，但对于我们来说，时间似乎一直是按照同样的方式流动的，至少在人类的参照系中，在一艘以近光速飞离地球的假想飞船当中，1小时还是由60分钟构成。只有在返回地球的时候，才会感受到时间的变化。这时，根据行驶速度的不同，我们的一小时对于地球上居住的人来说，将意味着几十年，上百年，甚至上千年。我们的60分钟对于他们来说是更长的时间。

这样的话，如果不考虑技术问题和所需的能量，穿越未来就变成了一件相对简单的事情，因为我们甚至无需加速到光速，只需通过另一种方法，就是进入黑洞周围的轨道，尽可能地靠近它的事件视界。当束缚我们的引力越大，时间对于我们来说就越慢。

其实，人们每天都在面对这样的问题。地球地表所受引力比几千米之上高空中的引力更大，这就导致 GPS 卫星定位系统每天都会出现小误差。由于它们的高度有几千千米，所受的引力更小，时间也会比地球表面更快。虽然差异很小，但如果不校准，也足以导致 GPS 返回给我们的位置信息误差越来越大。

所以，就算尚未掌握时间旅行甚至穿越未来的技术，我们仍面临着爱因斯坦相对论提出的问题，并在努力解决它。

如果回到过去会发生什么呢？让我们先回顾一下时间的概念。请想象以下场景：在紧邻巨大冰川的一侧，有一块悬浮在湖面上空的冰。可以通过回溯时间来确定这块冰的动作吗？当然可以。它刚刚从冰川中脱落，然后落向湖中。这是世界运行的法则，时间之箭说明了事情发生的顺序。

时间每过去一刻，都会产生不可逆的变化。时间只会不停地向前流淌。这就是为什么我们不会看到乱序或倒序的事情发生，不会看到湖面上形成冰块，随后飘浮到半空中，最后附着在冰川上；也不会看到一块冰悬浮在湖面上空，紧接着掉入湖里，最后又回到了冰川上。这就是现实的运作规律，是最重要的一条法则。

但可惜的是，没有任何一条物理定律可以阻止时间的流逝。我们可以非常简单地计算出冰块从冰川掉落的顺序，但却无法回到过去。只有超光速旅行可以做到，但这是不可能的。

还有别的办法吗？相对论提出了一个十分有趣的视角：如果虫洞存在，人们将可以通过它进行远距离穿越，仿佛一条通往过去的捷径。当然，我们不能随意通过虫洞进行穿越，因为宇宙隧道应有其特定的长度。也许不能回到金字塔建造的时期，无法见证胡夫金字塔的辉煌岁月，但我们却可以面对科学界最著名的悖论之一。

如果回到过去，阻止了我们的父母相识，会发生什么？这会产生一个悖论，如果我们不存在，那就无法回去阻止父母相识，当然也就根本无需回到从前。有几种方式可以避免产生这样的困境，它们也是现代科幻小说中经常出现的概念。其中最简单的方法是，创造一个新的平行时空，或者叫一个新的维度。在这里，我们的父母彼此之间不认识。这样一来，原始维度仍可以继续存在，没有任何问题，我们可以来到新创造的另一个维度中，在这里也不存在任何悖论，因为父母没有相识，也不会出现第二个我们。

　　还有一种可能听起来更加离奇的方式。你肯定听说过这个著名的问题：一个不可移动的物体遇上不可阻挡的力，会是什么情况？在自然界中，尚未发现这样的悖论，所以可以假设存在不可移动的物体或不可阻挡的力，但两者不能共存。换句话说，如果不存在另一个维度，自然界中自有办法来避免这种矛盾发生。但以上两种解决方式并不意味着我们会在这个过程中存活下来，就算没有冲突，我们也可能会因车祸而死亡。

　　同样，可以将时光机想象为一台穿越虫洞的机器。这又会引出另一个你可能听说过的观点：我们无法回到时光机建好前的那一刻。毕竟，从虫洞的一端出来即意味着回到过去的某一时刻，那么如果从另一端出来，则会从过去重新回到现在。所以可以认为这个假想虫洞的一端通往过去一个固定的时间点，在时光机建成的那一刻，就已经确定了。另一端则与现在相连。

　　如何知道是否已建成了一台时光机，且有人已经从

　　　　　　　　　　　　　　　　　　宇宙哪来的

未来来到了这里呢？史蒂芬·霍金曾于 2009 年提出同样的问题，并决定开展一项巧妙的实验。他专门为时间旅行者举办了一场派对。霍金首先举办了派对，但只有他一个人在。几天后，他向时间旅行者发出了邀请，说明了派对举办的具体时间。这场没有任何人出席的派对，可能说明了我们之中并没有时间旅行者……

下面让我们暂且忽略虫洞和时光机，想一想还有别的方法可以回到过去吗？理论上是有的。它同样也是在科幻小说中经常出现的概念，即"阿库别瑞曲率引擎"，由墨西哥理论物理学家米格尔·阿库别瑞提出。该引擎可以让人类无需加速到光速，即可在宇宙空间和时间中旅行。他认为，可以用波浪的形式拉伸时空结构，使前方的空间收缩，后方的空间扩大，此时位于波内的飞船就可以向前航行了。

你可能也听说过这个观点：空间变化的速度没有上限。有些星系正以超光速远离我们。这并不是说这些星系正以超光速移动，而是说星系和我们之间的空间正在极速膨胀。从某种意义上讲，这种宇宙速度极限并不属于宇宙本身，而是专属于宇宙万物。

阿库别瑞将这种波命名为"曲速泡",在他看来,使用阿库别瑞引擎的飞船本身不会移动,而是会在曲速泡中前进。曲速泡内的空间将以超光速的速度在宇宙中飞跃很长的距离,且并不违反物理学定律。从理论上讲,阿库别瑞引擎十分具有创新性,但在实际操作中仍存在一些问题。

首先,就算是在最乐观的情况下,人类也没有掌握任意弯曲时空的技术,更不能在微观层面操纵它,在这方面,我们还有很长的路要走。但这不是唯一的障碍。目前为止,尚未在宇宙中发现曲速泡,也就是说,这并非一种自然现象。这就产生了一个问题:如何建造曲速泡呢?可能与创造虫洞类似,也需要某种特殊材料,才能制造出曲速泡,并让其一直保持活跃。

如果不考虑这些最乐观的因素,我们也不需要为其感到焦虑,因为就算技术允许,可以建造一艘阿库别瑞引擎飞船,也会需要极大量的能量才能成功运载一个人。

无论如何,米格尔·阿库别瑞的设想只是停留在理论层面,它解释了在不违反物理学定律的前提下,如何在宇宙中实现长距离飞越,以及飞船该如何行进。其理

　　　　　　　　　　　　　　　　宇宙哪来的

论现今条件下尚不可能实现，但在几千年后，可能会成为现实。

在面对其他可能存在的文明时，也需要考虑同样的因素，因为我们有时会忽略时间是一个很大的障碍。如果在银河系其他地方存在生命，他们看到的永远是我们的过去。如果他们位于 1500 光年之外，看到的就是 1500 年前的地球，他们无法得知人类科技已十分先进，且在太空中建设了空间站。

同理，如果我们观测到了一颗有生命迹象的星球，看到的也是它的过去，无法得知其目前的科技发展情况。即使是以光速传播的通信，也是十分缓慢的。听起来颇为无奈，但考虑到银河系内恒星距离遥远，这是不可避免的情况。还有很多在等待着人类的发现。现代科学最大的挑战就是找到一个宇宙通用的解决方案，一个可以解释所有宇宙基本力的框架。这是科学家们一个多世纪以来一直在努力解决的重大问题……

第十章
宇宙的万能钥匙

本质上讲，宇宙是由四种基本力控制的。说是"力"，但并不完全正确，不如说它们是自然本身。我们可以将它们清晰地分为两大类。

第一类，在微观世界中。这里是电磁力、弱核力和强核力的天下。它们虽位于微观世界，但却很容易在我们的日常生活中被感知。

比如可见光，也就是我们双眼可以看到的光，就是电磁光谱中很重要的一部分。太阳光，以及它所包含的能量，覆盖了电磁光谱中很长的范围，是地球上生命出现的关键。它也是我们生命的一部分，一个显而易见的例子是，可见光能够让我们使用电。

那么弱核力和强核力又是什么呢？在远离微观世界的宏观世界中，如何才能感知到它们的存在呢？实际上，正是因为有强核力，原子才能结合。如果没有它，如果没有所有自然界的基本力，人类就无法存在，人类的原子就不能结合在一起。

强核力是自然最强大的基本力，但它的作用范围十分有限，主要在原子核内。在其之后是电磁力，比强核力弱几百倍。其后是弱核力，比电磁力弱几千倍。弱核力决定分子的放射性衰变，在核电站中，会利用它来进行核裂变。

以上三者掌控着微观世界，在宏观世界中，很难察觉到它们的影响，因为行星、星系和宇宙受到引力的支配。它也是四种力中最弱的一种，是强核作用力的 10^{23} 分之一，但它却能让恒星和行星依靠自身的质量聚合在一起。引力掌控着宏观宇宙的一切……也控制着我们的日常生活。比如说，当我们在地球表面上跳跃，会立刻落回地面上，这就是由于引力的作用。

此时，我们陷入了一个两难的困境，因为需要两种截然不同的视角来解释自然的四种基本力。一方面，量子力学可以帮助我们理解世界在最小尺度上的运作规律；另一方面，相对论又解释了引力的概念。二者是互斥的。现在不存在任何理论可以让我们在同一物理系统中解释这四种力。

这两种原理完全适用于各自的领域。量子力学为微观世界提供了精确的结果，相对论则精准描述了宏观世界的运作。但无论如何，它们是完全不能兼容的。如果要将两者联系起来，则需要另外一种视角。因为像是在黑洞内部这种地方，我们现有的物理定律会崩溃，因为它体积极小，质量极大，是相对论无法解释的现象。

这就是现代物理学中仍有待解决的一个重大问题，寻找"万有理论"。也可以说是一把万能钥匙，能够将宇宙的四种基本力囊括在同一个理论框架内。如果拥有这把钥匙，就可以用一种通用理论解释宇宙中的所有现象。

为了找到它，我们还需要继续钻研，因为以目前的技术来观察世界，所能达到的规模是远远不够的。几十年来，世界各国的物理学家都在努力寻找万有理论，但结果却各不相同。有一些毫无可能，另一些则更具可能性。有时候，甚至连史蒂芬·霍金这样的天才都会产生疑问，万有理论真的存在吗？也许对它的探索就是一场无用功，因为它根本不存在。

万有理论不仅可以用来解释世界的现象，更可以让我们以一种目前完全不可能的方式理解宇宙。有了它，也许就能解开黑洞内部之谜，就能发现是否真的存在连接另一个宇宙的虫洞。

还有更多新奇的问题……存在另一个宇宙吗？如果有万有理论，我们就可以对此做出非常强有力的假设。因此，这并不仅仅是一个实用性问题，更是科学界的伟大使命。在很长一段时间内，现代物理学可能还将受到重重壁垒的限制，但有了它，我们就可以翻越这些高墙。

在所有最接近万有理论的理论中，有两个十分著名，其中最受欢迎的是"弦论"，另一个名为"圈量子引力论"，其受众面不如前者那么广，毕竟前者是第一个有可能成为万有理论的备选项。然而证实弦论提出的观点并不是一件容易的事。

下面就来介绍一下弦论。沉浸于其中，会发现它所提出的假想和看待宇宙的方式都十分新奇有趣。弦论的起源需追溯到1919年，德国物理学家西奥多·卡鲁扎提出了一个观点，让很多人以为他疯了。他认为，宇宙可能不只有三个维度。

尽管他的观点十分大胆，但卡鲁扎并没有入住任何一家精神病院。他有充分的理由证明自己的想法并非异想天开。仅在几年前，1907 年，爱因斯坦提出了著名的相对论。

现如今，我们视爱因斯坦的理论为天才，能让我们以从未有过的视角更加深入地探究这个宇宙。但在那个年代，他的理论并未受到很大关注。毕竟牛顿已经阐释了什么是引力，还有什么必要去深究呢？人们已经知道行星是如何移动，苹果为什么会从树上掉下来了。

但爱因斯坦希望了解引力的本质：它是如何运作的？为什么太阳距地球 1.5 亿千米，却仍然可以对地球产生引力？它是怎么传递的？最终，爱因斯坦得出结论，认为在没有物质的情况下，时空可以被看作一个完全平坦的表面。当有质量的物体出现，比如一颗恒星，时空将会在其周围弯曲。正是时空曲率传递了引力。可以将曲率想象为一座山谷，比如说太阳的质量导致了时空的弯曲，产生了这座山谷，地球就在其中移动。这是一种优美且复杂的视角，但它解释得通。

卡鲁扎明白，爱因斯坦将引力理解为时空的弯曲和变形。在他那个时代，人们仅发现了两种基本力，引力和电磁力。因此，他想知道是否能用同样的方式来理解

　　　　　　　　　　　　　宇宙哪来的

电磁力，是否电磁力也是某种空间的弯曲和变形。

到底是什么的弯曲和变形呢？爱因斯坦的理论聚焦于时空，用所有已知的维度来理解引力。由于似乎没有其他可能性，卡鲁扎认为可能存在另一种维度，也就是说，宇宙有四种空间维度和一个时间维度。

最令人惊奇的是，当他开始展开研究，并开始推导四种空间维度的弯曲和变形方程时，他发现它与爱因斯坦引力场方程等价……还有电磁力方程，也是同样的情况。

在纸上推演的过程看起来精彩绝伦，卡鲁扎的演算似乎成立了。但是从实际出发，才会发现，他的公式有两个难以解决的主要缺陷。

首先，最明显的问题是，第四种空间维度在哪里？如果宇宙真的有另一维度，为什么我们看不到？另一个问题同样十分重要，将这一理论应用至我们周遭的宇宙，是否同样成立？

在这里，卡鲁扎的观点就开始像纸牌屋一样站不住脚了。针对第一个问题，第四种空间维度在哪里，瑞典物理学家奥斯卡·克莱因在 1926 年给出了他的答案。他认为宇宙中可能存在大维度和小维度。比如我们熟知的前三种空间维度就是大维度，其余的就是小维度，也许是微观的、卷曲的，所以我们无法观测到它。他的这一观点给卡鲁扎的假想提供了较为坚实的支撑。无法在宇宙任何角落找到其他维度的原因是，也许它们远比我们想象的要小。

那第二个问题如何解决呢？卡鲁扎的观点在理论上可行，但放在现实中是行不通的。它无法正确得出已知的结果，比如电子的质量。

因此，卡鲁扎提出的弦论就逐渐被人遗忘了，变成了半个世纪以前的一则轶事。但它并没有完全消失。20世纪末，它以另一种更加大胆的方式重获新生。

起初，它被称为"超弦理论"。这一术语虽到今天仍在使用，但已不再用以支持弦论。严格来讲，两者并不相同：弦论是卡鲁扎于20世纪初提出的理论，而超弦理论是在其基础上，于20世纪末出现的。现如今，当提到弦论，往往指的是超弦理论。该理论比西奥多·卡鲁扎的观点更进了一步，它起源于一个很简单的问题，但却能揭示极为复杂的现实。

　　　　　　　　　　　　　宇宙哪来的

什么是组成我们周遭世界的最小的、最不可分的元素？原子很小，但它不是最小的。再进一步，还有很多，比如夸克。质子是由两个上夸克和一个下夸克组成，中子是由两个下夸克和一个上夸克组成。至少现在来看，没有比夸克更小的单位了，我们所拥有的知识只能止步于此。但是，如果还存在更小的单位呢？

超弦理论希望解答这个问题，认为夸克内部存在振动的能量丝，可以称之为"弦"。你可以将其想象为乐器的弦。弦的振动会产生各种各样的效果。比如吉他弦的振动会产生不同的音符，而在宇宙中，弦的振动则会产生不同的粒子。所以弦就是一切的基础，从最小和最本质的层面上来说，万物都是由弦组成的。这是一种非常美妙的假设，因为它暗示了物质和基本力的粒子都有同样的起源。

因此，超弦理论就是在尝试直接解释一切。不仅统一了基本力，还将自然中的方方面面融合进来。但如何才能验证其正确性呢？我们要像检验西奥多·卡鲁扎的理论一样来检验它。通过计算我们发现，超弦理论不适用于四个空间维度的宇宙，也不适用于三个空间维度的宇宙，甚至连五个或六个空间维度的宇宙都不适用。它需要存在于一个包含十个空间维度和一个时间维度的宇宙。

此时再次需要奥斯卡·克莱因的解释，可能存在比我们已知的小很多且卷曲的维度。如果它们真的存在，会起到什么作用呢？也许它们可以定义自然的规律，也就是说，这些另外的维度，以及它们的形状，可能决定了弦振动的方式。这就是为什么光速为每秒30万千米，而不是其他的数值。摆在我们面前的可能就是一把宇宙的万能钥匙，让我们从最小的尺度了解我们所生活的世界。

此外，超弦理论还能够解释黑洞内部发生了什么，可以帮助我们了解宇宙大爆炸之前的样子，甚至还通向另一扇门——多重宇宙。我们所处的世界可能只是许多个，甚至无穷个宇宙中的一个。

这些观点理论上都成立，但如何才能验证呢？如何才能证明这些弦真的存在，让该理论成为万有理论呢？就我们现有的技术和能力来说，方法并非遥不可及。瑞士的大型强子对撞机可以提供弦存在的间接证据。直接

宇宙哪来的

证据即意味着直接观察自然界的弦，但就需要建造一台和银河系一样大的对撞机。因此，我们只能借助间接的方式。大型强子对撞机的操作十分简单，将两束高能质子相撞，并记录碰撞所释放出的能量。因为对于人来说，测量碰撞前后的能量变化是可行的。

你也许听说过，能量不会凭空产生也不会凭空消失。因此，碰撞前后的能量应是相等的，如果能量减少了，可能意味着它逃逸到了其他地方。去了哪里？也许就是理论上组成宇宙的另一个维度。

目前为止，数据中暂未发现能量的减少，但我们并不能因此放弃这一理论，因为也许我们所使用的能量尚不足以引发这种现象。这种假设不无道理，因为这在物理世界中并非个案。某些粒子，如希格斯玻色子，只有在极高的能量状态下才能产生。因此，可能还需要更大能量才能使其中的一部分在其他维度中损耗。这也给我们留下了积极的期待：在未来的几年或几十年间，在我们的有生之年，将可能有机会验证这一理论。一旦得到证明，它将彻底改变我们对宇宙的认知，并有助于解决现代科学面临的巨大难题。

还有一项理论：圈量子引力论。从很多方面来说，它与弦论是竞争性理论。尤其是弦论是从量子力学出发，试图让引力与其兼容，而圈量子引力论则正好相反，它从聚焦于引力的相对论出发，希望让量子力学与其兼容。然而，虽然该理论也提出了一些有趣的猜想，但它的发展尚没有弦论那么完全。

让我们分别来说。引力虽然是四个基本力中最弱的，但它在量子世界中应当也是可以被感知到的，因为其他的基本力都有信使粒子。比如说，光子是电磁力的信使粒子，W 和 Z 玻色子是弱核作用力的信使粒子，胶子是强核作用力的信使粒子。引力似乎没有信使粒子，如果有的话，将被称为"引力子"。这一概念也经常出现在科幻作品中。基于现有的物理学知识，我们可以推测出引力子的一些特性，比如说，它可能没有质量，这是因为引力的作用范围是无限的（尽管引力的强度随着距离的平方而减弱），此外，它应是电中性的，即不含任何电荷。

尚不能排除引力子存在的可能性，假设真的存在，我们现有的科技水平也尚不足以探测到它。但这并不妨碍其他假设的提出。比如说，之前我们将时空描述为一张光滑的披风，当放入大质量物体，披风会变形，而就是这样的时空，可能存在量子最小尺寸。也就是说，在量子层面，时空由小点构成，点与点之间为可移动的最小距离，换句话说，这些点之间有最小长度，但不是无限小。为了具象化这个假设，可以将其想象为一个物体，我们不断切割它，直到剩下最后一块，已经小到让人无从下手。

在物理学中，这个值被称为"普朗克长度"，等于 1×10^{-35} 米。圈量子引力论认为，空间由微小的圆圈组成，从某种程度上说，类似于组成我们身体的原子。而这些小圆圈又是由一张大网连接在一起。因此，如果这一理论是正确的，那么引力将可以量子化，且将不存在任何妨碍统一自然中的四种基本力的障碍。

但应当指出的是，与超弦理论不同，圈量子引力论仅探讨四种基本力，并不谈及物质或其他方面。它的覆盖面有限，但仍是万有理论的有力竞争者。

针对物理学暂时无法解释的现象，该理论也能够提出相关假设。比如在谈及黑洞的中心或宇宙大爆炸时，都提到了"奇点"或"零点"的概念，前者为黑洞所有质量集中的地方，后者为宇宙所有质量集中的地方。而在圈量子引力论看来，这两个点可能并不存在。

由于引力子的存在，我们可以从量子层面解释引力发生的变化，因为在如此小的空间当中，引力将作为主导力。此时可以发现，宇宙并非是从一个积累了所有物质的零点中诞生，不是一场大爆炸，而是一场大反弹。当之前的宇宙坍缩至可能的最小尺寸，它再次开始膨胀，我们现在的宇宙诞生了。

至于黑洞，该理论认为所谓的奇点处应为一颗普朗克星，这种星体的体积最小，无法坍缩至比此前提到的值更小的尺寸。此外，剧烈的黑洞坍缩也将快速反弹，这与黑洞所展现出的稳定性和不变性有所冲突。

如何解释这一现象？假设存在普朗克星，那么它将具有极高的引力，在其周围，时间都将变得十分缓慢。所以这个本应瞬间发生的反弹过程，所需时间甚至会比目前的宇宙年龄还要久。在此，我们又看到了一种对周遭世界的绝妙解释。

然而，圈量子引力论也有很大的局限性，因为到目前为止，尚未证明量子引力的存在。如果假设正确，可

　宇宙哪来的

能还需等上几十年甚至几百年的时间，人类的技术才能发展到足以证实这一假说的水平。引力子的发现同弦的发现同等重要，都将会成为物理学中的一场革命。但现在，它们都只是科学家的奇思妙想，帮助我们超越现代物理学的限制，来理解这个宇宙。

几十年来，尽管一直有科学家在不断研究这两种理论，但实际上可能都是无用功。这是史蒂芬·霍金提出的，他质疑了万有理论的真实性。可能宏观世界和微观世界就是无法兼容、无法统一的。宇宙并不一定必须要符合我们的期望。

但庆幸的是，在研究万有理论的道路上，无论是通过弦论还是圈量子引力论，科学家们都为我们提供了一个更为深刻的视角来理解宇宙。这是人类的天性，我们生来好奇，渴望知识和探索。很长时间以来，这种天性一直驱使我们提出各种问题，关于人类这一物种，关于地球上为什么有生命，也关于宇宙本身。如果可以从远处看宇宙……它会是什么样子？它有多大？是否有办法能从这一个小小的地方，理解宇宙的浩瀚无垠？尽管听起来不可思议，但答案可能是肯定的……

第十一章
我们看不见的宇宙

住在这样一颗一直围绕一颗恒星旋转的普通行星上，想要了解宇宙的大小和形状，几乎是一件不可能的事。它仿佛一座难以翻越的高山。而也许正是人类与生俱来的好奇心，才让我们不断探索未知，甚至是那些一眼看上去无法回答的问题。毕竟，你我处于宇宙之中，从未离开过太阳系，无法从外界观察这座宇宙。那么，我们如何才得知它的大小和形状呢？或者更重要的是，这个问题有什么价值呢？这不仅仅是出于好奇，更能让我们了解宇宙现在和未来的演化。

宇宙可能是封闭的，也可能是开放的。如果是封闭的，那么宇宙将有明确的边界，可以将其想象为一个球体。相反，如果是开放的，那么它将会是光滑或弯曲的。普朗克卫星曾试图分析宇宙的几何结构，认为至少就我们所见而言，它其实是平的。那这是否意味着宇宙是开放且光滑的？没那么简单，因为我们不知道宇宙的真实

宇宙哪来的

大小。这就好像地球上的蚂蚁，试图用有限的方法来推测地球的形状。从它的视角放眼望去，一切都是如此平坦，它们可能永远不会怀疑地球是球形的。

对人类来说也是如此，我们就像这些蚂蚁，正在试图观察一个比自身大得多的物体，也许看到的只是宇宙的一小部分。为了解释清楚这个情况，需要引入一个十分重要的概念。我们说的是宇宙在四维空间的形状，但一般大家只了解三维空间。第四维空间在哪里呢？

无法指出其所在之处。如今的三维系统，即上下、左右、前后，已经覆盖了所有可能的空间。已经没有位置放得下第四维空间了。

但可以大概说说它是什么样子的。让我们从一个点开始，一个简单的点。朝一个方向拉伸这个点，它将会变成一条线，也就是进入了一维。随后，以 90º 角拉伸这条线，就会得到一个矩形，此时便来到了二维。最后，以 90º 角拉伸这个矩形，将会得到一个立方体，这就是一个三维物体。

实验到这里就该结束了，因为我们无法在相对于其顶点 90º 角的方向拉伸这个立方体，只能做一个投影。在投影的过程中，一些信息会丢失，但只有这样才能在有限的维度中展示复杂物体的样貌。你在纸上画过立方体吗？尽管在三维世界中，它每个顶点所在的角都是 90°，但画在纸上并不是如此。我们需要舍弃一些信息，才能画出这个立方体。

因此，如果希望将四维的立方体投射到三维空间，也会发生同样的事情。我们会得到所谓的"超立方体"，也就是四维空间中的立方体。它在三维中的投影是一个立方体中套着另一个立方体，且两者相互连接。虽然投射的过程中同样丢失了一些信息，但我们仍可以想象出它在四维空间中的样子。不过，要理解这样一个比我们已经习惯的空间更高维度的世界，还是十分困难的。

19 世纪末 20 世纪初的英国教师兼作家埃德温·A. 艾勃特（Edwin A. Abbott）曾发表著名作品《平面国：一个多维的传奇故事》，他讲述了平面国居民所遭遇的不幸，用数学知识讽刺和批评了当时的社会现象，所谓的平面国就处在一个二维世界。

这个比喻恰如其分。就像我们无法指出四维空间的所在一样，对于平面国居民来说，也无法想象三维的世

宇宙哪来的

界。在他们眼中，上下的概念是难以理解的。因为平面国是一个完全平坦的地方，只有长和宽，不管如何尝试，三维对他们而言都十分遥不可及。

二维世界在我们这样的三维生物眼中，又是什么样子的呢？这将是一个奇妙且有趣的过程。起初，你可能不会意识到你正从一个与平时不同的视角在观察这个世界。但是你会同时看到这个世界的内部，那些房屋的内部，房屋里住着的人，甚至这些人身体的内部。

从某种程度上来说，增加了一个维度就好像多了一个 X 光的视角，可以一次性看到一切。此外，平面国的居民也看不到我们，他们甚至无法想象出三维生物的样子。

可以像卡尔·萨根在他的纪录片《宇宙》中所做的那样，想象一下我们与二维生物交流的场景。在经过漫长的一天后，一个平面人回到了他二维的家。现在，让我们做一件看似平常的事情，和他打个招呼。也许就是简单的一句："你好，平面人！"对他来说，却是一种再绝望不过的经历，因为他会听到一个震耳欲聋的声音，而不管向何处看去，家中也只有他自己和四面的墙壁。最奇怪的是，这个声音好像是从他的身体里发出来的。他可能会以为自己疯了，毕竟只有自己在家，谁会和他说话呢？

可见，与他对话并不会有所帮助。那就让我们进入平面国的世界吧！这看似是一个绝妙的计划，因为我们将可以出现在他们眼前，证明这不是一场幻觉，他们精神状态一切良好，对吧？

但对于二维世界的平面人来说，一切会变得更加难以理解。因为他们一动未动，但眼前的物体却在不断变换形状。

这是为什么呢？因为维度限制。举个例子，在平面国中，只存在二维物体，所以平面人看不到一整只三维的手，将这只手在不同时刻的不同位置投射在二维世界中即为不断变化的图形，所以他们只能看到手的一部分。所以这就是为什么那幢简陋房屋里的可怜人只能看到快速的形态变化。

所以，面对这样的情形，平面人完全不能理解所发生的一切，他只能认为自己是彻彻底底地疯了，无可救药。

宇宙哪来的

但我们仍想证明他是清醒的，于是决定采取更直接的行动。把他拿在手里，举到平面国上空，让他重新进入这个世界。

　　起初，平面人并不明白发生了什么，目光所及，一切都是如此陌生。但慢慢地，他会看到一些熟悉的细节。最终，他明白了自己看到的就是整个平面国，能看到它的内部和外部，平面国在他眼前一览无余。

　　现在，轮到他的朋友们摸不着头脑了。刚才这里什么都没有，而平面人却不知从何处而来，突然出现在他们眼前。他们很慌乱地问道："这怎么可能？"平面人尝试解释，也想说明白他是如何看到平面国的内内外外。然而，当朋友们请他指出他刚刚所在的地方，他却无法做到，无论是指上还是指下，都解释不清楚。对于他们来说，那是一个完全未知的维度，所以他不能给朋友们一个满意的答案。

　　就这样，我们与二维世界的交流以失败告终……除非借助投影。我们可以像影子一样，将自身投射至二维空间。这个过程类似于在纸上画立方体，或用三维视图表现超立方体。

有了投影，平面人可能还不能完全理解我们是什么，但却可以大概想象出三维生物是什么样子，甚至能够比之前更清楚地了解他所在世界的模样。

宇宙的形状也是如此。它可能就像一个球体，是有限却无边际的，我们可以在其内部不停绕行却不靠近任何边界。好比一个在地球表面行走的二维生物，走遍所有地方也无法得知地球的形状。但尽管如此，只要回到起点，他可能就会明白自己正处在一个弯曲的三维物体表面上。

因此，宇宙可能在你我熟知的三维空间中是无限的，但在第四维空间中是有限的。当然，或许根本就不存在第四维度，只在当下的三维世界中。了解宇宙在四维空间的样子，将有助于我们了解其今后的演变。比如它是否会无限扩张，或在遥远的未来走向坍缩。

但是我们忽略了一个重要的问题，宇宙有多大？可以确定的是，我们居住在一个有具体边界的区域，那就是可观测宇宙。实际上，每次在提及宇宙时，指的都是可观测宇宙。它的形状为球体，以地球为中心，直径约为 900 亿光年。从字面上看，它代表了人类所能看到的一切。而其大小可能会让你大吃一惊。因为宇宙的年龄为 138 亿光年，这与半径为 450 亿光年的可观测宇宙并不对应。但请不要忘记，宇宙自一开始就在膨胀，并且在加速膨胀。

可观测宇宙占总宇宙多少？很难回答。如果宇宙无限大，那么这个问题便无需回答，因为无法得出一个量化的结果。但如果宇宙有边界，有研究认为其大小可能为 10^{23} 光年左右。此时，可观测宇宙不过是巨大整体中微不足道的一小部分。整个宇宙到底有多大？很简单，答案尚不清楚。但可观测宇宙的大小是明确可知的。

可观测宇宙的范围由近及远，可以从临近的仙女星系，到宇宙最早的星系，甚至宇宙第一道光"微波背景辐射"。走得越远，就愈发接近过去。人们现在看到的光，是很久很久以前发出的。

如果通过某种方式，我们能够即刻去往那个最遥远的地方，会发现它与我们周遭的宇宙处于同一个演化阶段。那里并不年轻。虽然我们看到的只是数十亿年前向着太阳系发出的一束光，但回溯过去也能帮助我们了解宇宙最初形态的样貌。

尽管难以精确计算，但据估计，可观测宇宙中约有2000亿座星系，其中每一个的包含2000亿颗恒星。而这只是一个平均数，比如仅在仙女星系中，就有上万亿颗恒星。

　　无论如何，我们可以自由地将可观测宇宙的概念与宇宙整体互换，甚至可以预测出前者的演化方向。随着宇宙的老去，可观测宇宙将持续扩张，我们也会在未来接收到那些尚未达到地球的光芒。

　　然而，宇宙的膨胀可能会使这些光永远不能到达地球。因为它的速度比宇宙扩大的速度更慢。不仅如此，那些现在尚可观测到的最遥远的星体，在未来的某一天也可能重新隐去光辉，因为宇宙一直在膨胀，这束光将追不上扩大的速度，远远超出可观测宇宙的范围。

　　为什么宇宙在加速扩张？这是当前宇宙学面临的巨大挑战之一。我们所能看到的一切，那些恒星、星系、行星、生物……都是"正常物质"。但在整个宇宙中，它所占的比例才不到5%。你看到的一切，到可观测宇宙的尽头，都不到总宇宙的二十分之一。也就是说，宇宙中95%的物质都是看不见的。

　　　　　　　　　　　　　　　宇宙哪来的

这是因为，一方面，宇宙中 27% 以上都是暗物质。虽然尚未证实其存在，但它可以解释为什么星系可以聚合在一起，毕竟恒星的引力并不足以维持星系的形状。换句话说，没有暗物质，宇宙就不会是现在这个样子。

此外更重要的是暗能量，占宇宙的 68%。暗能量神秘莫测，不仅因为它导致了宇宙的加速膨胀，而且因为它的起源不明。暗物质从何而来？有很多说法。其中一种认为它是真空的属性，当宇宙产生新的空间，同样也产生了暗能量，这导致宇宙一直在不断膨胀。

这也引出了很多问题，让天文爱好者们感到困惑不已。如果没有什么比光速更快，为什么远方的星系可以超光速远离我们？实际上，没有什么规定了宇宙膨胀的速度不能快于光速。从我们的视角看来，那些星系的飞离速度确实比光速更快。理论上讲这是不可能的，但星系本身在宇宙空间中的移动速度其实远不及光速。

那到底发生了什么呢？我们忽略了什么问题？其实是两点之间空间膨胀的速度大于光速。因此，如果我们能够即刻到达那座正在远离的星系，会看到那里一切正常，反倒是银河系在以超光速远离这座星系。

由于暗能量自身的性质，它对于宇宙的命运同样重要，但人们却对此知之甚少。目前，针对宇宙终点这一话题，最为广泛接受的说法是宇宙热寂，宇宙会无限膨胀，直到有一天没有足够的能量来形成新的恒星。

还有一种可能性是大撕裂。如果暗能量在其中起到了一定的作用，宇宙会走向自我毁灭。这是如何做到的呢？终有一天，分子中原子的距离都会变得很大，不能维持在一起。因此，探究暗能量的本质能更好地帮助我们理解宇宙未来的演化。所有这一切都指向最后一个尚未解开的谜题。

如果可观测宇宙只占总宇宙的很小一部分……那剩下的是什么？我们无法去往可观测宇宙之外，甚至都没有足够的技术支持我们离开银河系。但可以推断，看不到的宇宙并没有什么两样，其中仍然是星系、恒星、行星……甚至生命。假设宇宙是有限的，那就无需费心寻找它的边界。但如果是无限的，就会发现一些更有趣的现象。现在，让我们假设宇宙的范围是无限的。

此时我们会发现，组成宇宙的不同原子是有限的，因此，原子的组合形式也是有限的。比如说，想象我们在一个足球场中，手中有三块不同颜色的立方体：红色、蓝色和绿色。随后，我们需要在颜色顺序不重复的前提下用这些立方体填满足球场。然而，由于只有三种颜色，所以颜色组合的情况有限，很快就会出现重复的情况。

在无限大的宇宙中同样也存在这样的情况。迟早有一天，原子的组合形式会出现重复。因此，在不可见宇宙的无比遥远的深处，有一个地方会与我们这里一样，也许会有些许不同，但俨然一个太阳系的复制品。

顺着这个思路，还会发现更加复杂的情况。因为在广阔的不可见宇宙中，很有可能会出现另一个地球，上面同样住着人类。在那里，甚至还会出现另一个你和我。如果宇宙是无限大的，那么也许不只有一个复制品，而是无数个，因为原子的组合可能是无限的。这一现象会引发许多问题，尤其是从哲学角度来说。

但从现实的角度来看，这对我们的生活没有什么太大影响。即便可以确定宇宙是无限大的，一切也都太遥远了，我们永远不会接触到另一个太阳系。就算它真的存在，也远在我们的现实之外。

如果想要去往那些视野之外的远方，需要借助一些不同寻常的办法，比如虫洞。在未达到光速的情况下，人没有办法在太空中行进很长的距离，也没有技术支持这一想法。也许在遥远的以后，当对宇宙有了更加深入的了解，时空旅行将变得十分简单，可观测宇宙也将与今天的模样大不相同。

此外，不要忘记，宇宙没有中心。尽管可观测宇宙以地球为中心，但其他地方同样也有自己的可观测宇宙。如果将地球视角的可观测宇宙与仙女星系的相比较，所能看到的其实相差无几。因为在宇宙中，250万光年实在是太短了。

但如果与更远的星系相比，如50亿光年外的星系，此时的可观测宇宙将大大不同。其中一部分看起来十分相似，但有一些从地球上能看到的星体，在那个星系上就看不到。同样，一些在那个星系上能看到的，在地球上也是不可见的。

但不管是地球还是那座更遥远的星系，都不是宇宙的中心。想象一下，如果我们仅在一颗球体的表面行走，知道表面的中点在哪里，有意义吗？这是一个无关紧要的问题，因为球体的中心并不在其表面，而是在其内部。

这就是为什么宇宙没有中心，这也是为什么人们常说，宇宙大爆炸发生在宇宙中的任何一点。

现在，我们已经接近这场太空之旅的尾声，一起走过了宇宙最遥远的地方，看过了这个被称为太阳系的小角落，回顾了宇宙的历史，经历和展望了它的现在和可能的未来，也思考了地球生命的诞生，以及在太阳系和银河系中是否还有生命的可能性。

我们还讨论了智慧生命，它们是否还存在于地球之外，还有恒星的诞生和死亡，以及虫洞和中子星这类宇宙最极端的物体。可以说，我们已经完整概述了这座宇宙。所以，我要提出最后一个问题，让我们看向宇宙的远方：为什么这座宇宙如此适宜生命的演化？现在，让我们踏上寻找其他宇宙的旅程……

第十二章
千万座宇宙之一

是否存在其他宇宙？乍一看这个问题可能令人费解，因为我们的头脑已经很难想象和理解这座宇宙的浩瀚，更不用提再出现另一座宇宙。然而，自然界的种种细节不断促使我们思考这个看似离奇的问题，我们的宇宙可能不是唯一一个。

让我们想一想自然的基本法则。为什么光速恰好是每秒 299 792 千米？为什么不是每秒 86 418 千米？为什么不是每小时 60 千米？针对四种基本力，也可以问出类似的问题。不仅如此，四种基本力之间的联系很大程度上决定了你我的存在。这座宇宙是适宜生命演化的，否则，我们就不会出现在这里。

如果现在我们面前有一台机器，上面有不同的刻度盘，可以调整四大基本力的数据。那么，创造一个生命完全无法适应的宇宙，将是一件十分容易的事。我们可以让引力变得很强，此时，宇宙大爆炸可能根本不会发

　　　　　　　　　　　　宇宙哪来的

生，就算发生了，宇宙也会很快坍缩，连第一批恒星都不会出现。

我们也可以让原子之间的作用力变弱，无法维持在一起，此时的宇宙同样不适宜生命生存。这不禁让我们幻想，一切是否是造物者的杰作。现居宇宙的各项数值都如此完美……可为什么又都是随机的呢？但不论怎样，我们无需祈求神力帮助，也无需借助特殊机制来解释宇宙基本规律中为什么含有这些特定的值。

最合理的结论是，所有这些宇宙，也许有无数个，都是存在的。其中有一些未能经历大爆炸，有一些还未孕育出生命就走向了坍缩，还有一些，也许就像我们所处的宇宙，终将有一天会坍缩，但又与我们不同，在它之中没有生命。不论如何，可能性是无穷无尽的……

在多重宇宙中，在千万座宇宙中，可能也有一座适宜生命的生存。也许也有像我们一样的智慧生灵，问出了相似的问题。

但这个问题最大的障碍来自自然本身，似乎没有什么办法可以证实是否有其他宇宙。我们对多重宇宙了解多少呢？可以说，仅停留在理论层面，都不知道它是否真的存在！

如果真的存在，那它是无穷尽的吗？答案可以是肯定的，也可以是否定的。每个小宇宙都会有终点，那多重宇宙作为一个整体，会是永恒的吗？尽管可以从不同方向猜测，涵盖所有的可能性，但实际上我们对此一无所知。面对多重宇宙，我们就好像一位画家，站在等待被描绘的空白画布前。我们提出的大部分假说，都可能通过某种方式实现……

此外，这甚至都不是一个新问题。多重宇宙在流行文化中，又叫作平行宇宙，它们是否真的存在，其实是几个世纪以来哲学家一直在试图破解的问题。现在，科学为我们提供了解决这个问题的工具。

首先，为何可以存在平行宇宙？有一些不同的说法。比如说，可以从宇宙大爆炸中找到可能的解释。就像此前所说，某一刻，宇宙从比原子还小的一个点扩张成为庞然大物，这是由于暴胀场的作用，可以将其理解为一种促进宇宙膨胀的燃料。物理学告诉我们，暴胀场不会在这座宇宙的诞生过程中完全耗尽，它可能还促进了其他宇宙的生长，甚至直到今天仍在持续作用。

这只是解释其他宇宙存在的一个示例，并不是唯一一个。众所周知，天文学中有两个被称为"奇点"的特殊点，在那里，已知的科学定理均不适用。这是两个极小却密度极大的点，在本书中多次被提到，一个是宇宙大爆炸的奇点，另一个则位于黑洞的中心。

它们似乎是完全不同的概念，但如果两者之间存在先后顺序呢？如果黑洞的奇点是另一个宇宙大爆炸的前奏呢？如果是这样，我们的宇宙可能诞生于一座黑洞，同理，在这座宇宙中所观察到的黑洞，又可能生成其他的宇宙。

如果考虑到现存黑洞的总数，那么我们面对的可能是充满宇宙的多重宇宙，其数量可能是无穷无尽的，是一座宇宙的大融合。

前文所提到的弦论也为我们提出了一种可能性，即每个其他维度都定义了宇宙基本力的数值。因此，不同的宇宙中会有不同的常数值。

如果这样来理解，那么这些宇宙可能与我们的宇宙一样，都是由相同数量的维度组成的。尽管事实可能并不如此。毕竟无法直接对宇宙开展实验，所以我们无法得知真实情况如何。

我想说明的是，这些假设均基于现实，有的是从已经科学验证的理论发展而出，如宇宙大爆炸和黑洞，有的则具备坚实的根据，如弦论可能正确。

在不背离科学的前提下，还可以提出其他奇妙的假说。比如说，我们所居住的宇宙就像一片飘浮在房间中央的叶子，在它旁边，还飘着其他叶子。它们偶尔会接触，并产生另一片叶子。也就是说，两片叶子的接触会导致"宇宙大爆炸"，并形成一座新的宇宙。

与此前一样，在这个假说中，我们不能得知哪个是第一个宇宙，也无法回答宇宙学的重大难题：宇宙是如何诞生的？（或假设存在多重宇宙，第一个宇宙是怎么出现的？）其中的物质和能量又是如何产生的？这些问题并不简单，但如果通过某种方式，我们能够证明多重宇宙的存在，那么可能会更容易解开这些谜题。

让我们继续思考那些飘浮在空中的叶子。如果两个宇宙碰撞生成第三个宇宙，那么宇宙中是否会有这场猛烈碰撞遗留的疤痕？这并不是一个不切实际的想法。

一些科学家研究了这一假想的可行性。背景辐射是

　　　　　　　　　　　宇宙哪来的

宇宙最古老的光，其中含有一处"大冷斑"区域，它的温度仅比其他位置低几微开，但已足够引起人们的注意，我们无法确定它为什么会出现，它代表了什么？是宇宙诞生之初某种现象的结果吗？科学家认为，这可能是宇宙碰撞留下的疤痕。

这一假设十分具有启发性，因为我们可以验证其真实与否。从过去到未来，背景辐射一直是科学界的重点研究对象，我们所面对的是现代科学最神秘的问题之一，但也许可以找到它的答案。然而，我们无法明确指出宇宙碰撞的位置在哪里，也不确定大冷斑从何而来，但相关研究仍然层出不穷。研究已发现它不是超真空，不是一片几乎没有星系的区域，正相反，与宇宙其他区域相比，它看起来没有任何特别之处。

也有人提出，这处低温仅为自然发生的异常现象，但科学家开展的模拟实验表明，背景辐射自然产生低温区域的可能性很低。以上两种最有可能成立的假设均无法得出令人满意的结论，这就不得不让人思考其他不同寻常的解释。

到目前为止，已经提出了很多的假想和假设，但却没有多少答案。我们可能永远都无法得知是否存在其他宇宙。也许这是无法突破的局限，也许科技还需要继续进步，才能理解宇宙的本质。也许，这个问题就像宇宙其他问题一样，就是没有答案。唯一的探寻方法就是不断提问。

人类的科技还有很长的路要走。尽管能够研究其他恒星周围的系统，但却无法远行至此，以直接的方式探究这些小世界。现有技术还不足以向火星运送宇航员，并确保他们能够生存。我们正朝着这个方向努力，希望在 2030 年到 2040 年间达到这个目标。

对于太阳系。我们并没有去往其他遥远恒星的计划，现阶段，向最近的恒星比邻星派出一艘宇宙飞船的可能性都很低，所以直接研究宇宙极限显然是一项不可能完成的任务。再加上光速的问题，以及宇宙正在愈加快速地膨胀，我们甚至都不确定是否能真正开展研究。就算找到了其他宇宙存在的证据，也无法研究它们，至少无法通过直接的方式。

这也导致我们无法研究其他宇宙基本力数据，不能得知它们是与我们基本相似还是截然不同。这些宇宙中

　　　　　　　　　　　　宇宙哪来的

是否有生命，也将无从得知……

如果以上这些听起来还不够复杂，请考虑另一个变量：其他的宇宙有多大？是否比我们的更大？抑或是更小？这些问题并不夸张。请想象一座平行宇宙，它不仅可以由与我们大小相似的宇宙组成，也可以由大小完全不同的宇宙构成。当然，此时的宇宙总数应当是有限的。如果确实如此，我们就可以提出一些更有趣的问题。

比如说，也许组成宇宙的原子也是一个个微型宇宙，还有无数个更小的宇宙。同理，也可能存在更大的宇宙，我们的宇宙仅仅是其中的一粒原子。顺着这个思路，将会有无穷多个可能性。在有限的宇宙中可能存在无限个小宇宙，听起来很费解吧？但请跟随我们继续思考……

假设存在其他宇宙，并且多重宇宙的总数有限。其中，会有一些宇宙里存在生命，有的可能不如我们发达，有的则有更高的智慧和更先进的技术，甚至能够对整个宇宙进行模拟。

与之类似的是在电脑上仿真一个宇宙。现在，很多电子游戏中的虚拟世界可以运行多年，当然，其操作方式是极为有限的，不能涵盖整个宇宙，也不能包括全部生物。然而，以人类有限的科学技术，已经可以模拟这样的世界，对于其他更先进的文明来说，为什么不能对整个宇宙进行模拟呢？

此外，如果虚拟世界与现实世界完全相同，一个仅是另一个的复制品，那是否应当对二者加以区分呢？或者换句话说，我们的宇宙是否仅是其他现实世界智慧生物在计算机中创造出来的仿制品？这个看似离奇的问题已受到一些科学家的关注，但并没有找到令人满意的答案。如果我们真的生活在模拟世界中，那可能将永远无法解开这个谜题。就算得到了谜底，或许也只是我们希望找到的答案的模拟。

我的意思是，一座虚拟宇宙为什么不能做到让人相信它是完全真实的，让人根本无法发现它是虚构的呢？不管怎么说，这个问题可能没有意义，毕竟无法分辨这些可能性。我们的存在，我们的宇宙，就是真实的。因为我们在这里，能够感知到它。如果这座宇宙是被模拟出来的，那我们的存在就不那么真实了吗？你可能已经发现，这些问题已经超越了科学范畴，进入了一个比较陌生的领域。与其说是科学问题，不如说是哲学问题。

也许会有很多答案，而且从不同的角度来看，这些答案可能都说得通。

让我们回到最传统的多元宇宙吧，不再想我们是否活在一座虚拟世界中，也不再想是否有比我们更大或更小的宇宙。让我们仅仅思考，是否存在与我们级别类似的世界呢？它的存在会影响我们吗？短期内，不会。这座宇宙虽已有 138 亿年的寿命，但仍然处在发展和演化的初期。在未来的数十亿年间，还会诞生新的恒星和行星，还有一些红矮星会在接下来的数万亿年中继续发光发亮。

对于人类来说，宇宙的尽头如此遥远，远在考量的范围之外。就算是宇宙现有的寿命，面对到停止生成新恒星时所需的时间，都是那么微不足道。

但让我们假设文明可以延续到宇宙的终点，此时的能量将不足以维持这座宇宙。对于一个更加先进的文明来说，只有一种选择，那就是逃往另一座更年轻、能量更充足的宇宙，在那里，他们可以延续自己的生命。

尽管这一假想远在天边，似乎更像是一种幻想，已跳出了科学的领域，但多元宇宙的概念仍然具有价值。

对于一个远方的文明来说，利用多元宇宙，即可到达另一处继续自己的生活。如何做到？唯一的方法就是虫洞。

虫洞可以将同一宇宙甚至不同宇宙中的两点连接起来。相对论认为，应当具有某种特殊的物质，才能保持虫洞的畅通。它是什么？目前尚未找到符合要求的答案。但也许是因为我们的知识仍十分有限，所以忽视了它的存在。

这又产生了其他更复杂的假设。如果可以通过虫洞去往其他宇宙，我们是否可以选择自己的目的地？这座宇宙又是否与我们的宇宙相似，适宜生命的生存？因为如果不是如此，那么利用虫洞去往别处可能没有太大意义。

多重宇宙为我们提出了一个难以解答的谜题，但我们对宇宙的了解仍在不断深入发展中。也许永远无从得知是否还存在其他世界，也许大冷斑就是与其他宇宙碰撞所形成的疤痕……想要找到答案，回答各种各样的其他问题，只有通过科学。

结语

　　宇宙之旅到这里就结束了。在翻阅这些文字时，我们的思绪在科学的陪伴下不停遨游，来到了宇宙最辽远的地方，也接触到了人类现有知识的边界。我们见证了宇宙的起源，太阳系的形成，还有卡尔·萨根形容的那颗"暗淡蓝点"的诞生。

　　在宇宙漫长的一生中，人类的存在不过一息。我们是恒星生命循环的结果，初来乍到，带着很多的问题和很少的答案（虽然正变得越来越多）。我们是这座如此热情好客的宇宙的儿女，是连太阳系都未诞生时，在数十亿年前就已死去的恒星的后代。

　　尽管宇宙浩瀚无边，人类的存在显得微不足道，但我们仍是它的一部分，都曾抬头仰望过天空。谁没有看过星星呢？也许也问过自己，点点星河中，是否也有智慧生灵在看向地球？人生而好奇，是天生的探险家。从北极到南极，人类的祖先早已踏上地球的边界，只剩下两处地方还有待探索：海洋深处和外太空。

总有一天，我们会离开这个名为"地球"的家园，离开在夜空中熠熠生辉的月亮。她默默见证了我们的种种超凡成就，如 1969 年人类第一次踏上月球，以及后来的五次登月行动……但是，为了这一目标，我们首先要学会成为更好的人，不仅要明白我们会对周遭环境产生的影响，还要了解对地球，以及对其他人的影响……

　　前人创造了我们今天的一切，如今我们有责任为后人提供一个更好的世界。这不仅是为了今人，也不只是为了后人，而是为了整个人类，以及生命的美好。我们确实生活在一个复杂的年代……但谁不是呢？人类最早的祖先需要面对自然界中最直接的危险，我们的祖父辈则需要承受战争的残酷，现在，我们肩负着同样复杂的任务：防止气候变化，创造一个更加平等的社会。

　　我们还需要为未来人类到外太空定居打下基础。这不是一个简单的愿望，而是一种需求。如果人类想要生存下去，就需要寻找其他的住所。首先到太阳系，未来可以到银河系的其他地方。幸运的是，我们已经具备所需的技术和手段，并正在迈出踏上火星的第一步。这是激动人心的一步，这座红色的星球，很可能会成为人类

　　　　　　　　　　　　　　　　宇宙哪来的

向外星移民的第一站。

有一天，人们将看到不同的天空。不仅有地球的风景，还有火星，甚至还有围绕着地球旋转的空间站。从技术上讲，这些都是可行的，但这取决于人类的能力。因为尽管我们拥有智慧，但仍然像婴儿一样，并没有完全意识到用手头的工具就能改变这个世界。

如果你已经忘记你生活在地球，开始幻想到火星旅行，或者在月球上建立基地，那你需要感谢前人的努力，他们在很久以前就开启了一条看似没有终点的道路。只要我们愿意，就可以一直在这条路上走下去。地球比人类更加坚实和牢靠，如果认为气候变化会威胁到它，那是一个错误的想法。有没有人类，地球都将安然无恙。

现在，看我们的了。就像牛顿说的，人类之所以能够看向远方，是因为站在了巨人的肩膀上。也正因如此，我们能够触及那片星空，永远不会停止询问……

图书在版编目（CIP）数据

宇宙哪来的 /（西）亚历克斯·里维罗著；朱婕译 . -- 长沙：
湖南科学技术出版社，2024. 9. -- ISBN 978-7-5710-2973-9

Ⅰ. P1-49

中国国家版本馆 CIP 数据核字第 20241KV674 号

Orignal title: Hacia las estrellas
© 2019, Álex Riveiro
© 2019, Penguin Random House Grupo Editorial, S.A.U., Travessera de Gràcia, 47-49, 08021 Barcelona
The Simplified Chinese translation rights arranged through Rightol Media（本书中文简体版权经由锐拓传媒
旗下小锐取得。）

湖南科学技术出版社获得本书中文简体版独家出版发行权。

著作权合同登记号 18-2023-167

YUZHOU NALAI DE
宇宙哪来的

著者	印刷
〔西〕亚历克斯·里维罗	长沙鸿和印务有限公司
译者	厂址
朱婕	长沙市望城区普瑞西路858号
科学审校	版次
刘丰源	2024 年 9 月第 1 版
出版人	印次
潘晓山	2024 年 9 月第 1 次印刷
责任编辑	开本
杨波	880mm × 1230mm 1/32
出版发行	印张
湖南科学技术出版社	6
社址	字数
长沙市芙蓉中路一段 416 号泊富国际金融中心	75 千字
http://www.hnstp.com	书号
湖南科学技术出版社	ISBN 978-7-5710-2973-9
天猫旗舰店网址	定价
http://hnkjcbs.tmall.com	40.00 元